内河生态航道建设理论与实践

窦鹏　谢湉　李姗泽　严登华　王坤　著

中国水利水电出版社
www.waterpub.com.cn
·北京·

内 容 提 要

本书在分析内河航道建设对河流生态系统影响的基础上，系统性地提出了内河生态航道建设的内涵与总体需求，构建了生态航道建设的理论框架和内河生态航道建设生态影响的评估指标体系，阐明了生态航道建设对河流生态系统的影响机理。具体内容包括内河生态航道研究发展现状、内河生态航道建设理论及关键问题、内河生态航道表征指标选取与分析、内河生态航道评价指标标准研究、内河生态航道指标体系构建、内河生态航道指标体系构建案例、生态航道建设评价案例及生态航道建设未来展望。

本书可作为水利、环境和生态领域的科研人员，高等院校水利、环境、生态学教师和学生的参考用书。

图书在版编目（CIP）数据

内河生态航道建设理论与实践 / 窦鹏等著. -- 北京：中国水利水电出版社，2022.5
ISBN 978-7-5226-0677-4

Ⅰ. ①内… Ⅱ. ①窦… Ⅲ. ①内河航道－生态环境建设－研究 Ⅳ. ①X736

中国版本图书馆CIP数据核字(2022)第073508号

书　　名	**内河生态航道建设理论与实践** NEIHE SHENGTAI HANGDAO JIANSHE LILUN YU SHIJIAN
作　　者	窦鹏　谢湉　李姗泽　严登华　王坤　著
出版发行	中国水利水电出版社 （北京市海淀区玉渊潭南路1号D座　100038） 网址：www.waterpub.com.cn E-mail：sales@mwr.gov.cn 电话：(010) 68545888（营销中心）
经　　售	北京科水图书销售有限公司 电话：(010) 68545874、63202643 全国各地新华书店和相关出版物销售网点
排　　版	中国水利水电出版社微机排版中心
印　　刷	清淞永业（天津）印刷有限公司
规　　格	170mm×240mm　16开本　7.25印张　142千字
版　　次	2022年5月第1版　2022年5月第1次印刷
印　　数	0001—1500册
定　　价	**45.00**元

作 者 简 介

窦鹏，男，1985年生，工学博士，高级工程师，水利工程专业。主要研究领域为生态水文过程与水生态修复技术、水环境数值模拟与调控、水资源规划与合理调配等方面。

近年来先后主持、参与涉及生态水文过程模拟与水生态修复技术的科研项目及工程咨询项目多项，包括北京市自然科学基金项目、国家自然科学基金青年基金项目、流域水资源配置项目、生态航道建设技术研究等研究项目。作为技术骨干参与北京市中心城区面源污染控制、密云水库水生态演变研究、“十三五”水专项子课题及多项国家自然科学基金课题。

前言

我国内河航道建设快速发展，建成了诸多重大航道工程，但也对河流生态系统造成了胁迫，各种工程措施改变了河道的形态与下垫面构成，致使内河航道产生河道萎缩、河流断流、生境退化等问题。随着社会经济与自然环境协调发展观念的不断发展，我国内河航运建设工程建设迎来了航道建设的关键转型期，发展内河生态航道、采取科学措施修复受损河流成为航道建设的重要内容。因此，需要改变传统航道发展建设方式，倡导生态可持续发展的航道建设新理念。

内河航道是能够集中反映人类活动、河流生态系统之间互馈关系的敏感区域，内河航道的复杂性及各种环境因素的不确定性，使得内河生态航道评价指标的筛选在生态航道评价过程中成为决定其评价结果的重要因素。内河生态航道评价主要是研究航道工程建设与运行对河道水文情势、生态系统和地貌特征的影响，以及航道区域内河流生态系统在航道扰动下的响应状态。合理地选取内河生态航道评价的表征指标能够科学地对内河航道生态健康状况进行评估，使管理部门依据航道的生态现状规划合理的生态修复与航道整治措施，也能够实现河流治理环境效益、经济效益和社会效益的一体化、最大化。本书重点介绍内河生态航道理论框架与评价指标体系的研究工作，可以概括为以下几个方面。

(1) 在分析内河航道建设对河流生态系统影响的基础上，系统性地提出了内河生态航道建设的内涵与总体需求，并构建了生态航道建设的理论框架，明确生态航道建设需重点关注航道建设对河流生境影响机理、评价体系构建等关键问题。

(2) 阐明生态航道表征指标的选取原则，确定表征指标的日常监测方法，并初步描述了生态航道表征指标的选取过程。

(3) 从内河生态航道评价结构体系、层级结构设计、评价方法等方面分析和构建了内河生态航道评价指标体系。针对内河航道评价中存在的指标复杂多样性、指标取值不确定性高的问题，建立了基于层级分析法与综合指标分析法的生态航道评价方法。

(4) 以贵州樟江航道为研究对象，运用内河生态航道评价体系对樟江航道健康度进行评价。针对当前樟江航道生态健康存在的问题，提出具体的修复与改善措施和建议，为将来的生态航道规划设计、航道施工、航道运营、航道维护和航道管理研究提供理论基础。

本书由窦鹏与严登华统筹与策划。本书共8章，具体的撰写分工如下：第1章由窦鹏、严登华撰写；第2章由窦鹏、李姗泽撰写；第3章由窦鹏、谢湉、王坤撰写；第4章由李姗泽、王坤、窦鹏撰写；第5章由王坤、谢湉、窦鹏撰写；第6章由谢湉、王璇撰写；第7章由窦鹏、谢湉、王璇撰写；第8章由窦鹏撰写。最后由窦鹏完成了对全书的统稿与校稿工作。

本书的撰写工作及顺利出版得到了国家自然科学基金项目(51709279，51809287)的支持，特别感谢中国水利水电科学研究院“五大人才”计划——国际高层次复合型人才项目的长期支持。在此向支持和帮助作者研究工作的所有单位表示最诚挚的感谢。

由于研究水平、研究时间、研究方法的限制，本书难免存在一些不足之处，敬请同行专家和广大读者批评指正。

作者

2022年1月

目　录

第1章　内河生态航道研究发展现状

1.1　内河航道建设背景

内河水运作为区域社会经济发展的重要载体，能够极大带动河流沿线各产业的快速发展，是支撑社会经济发展、生态建设发展的引擎。为贯彻落实党中央、国务院《关于加快推进生态文明建设的意见》和“发展内河水运”“建设长江经济带”的国家战略，需要在内河航运建设中大力推行生态环境保护和生态航运观念，将生态环境保护理念贯穿于内河生态航道建设全过程[1]。在内河航道工程建设过程中，生态建设、绿色航运等理论的研究尚处于起步阶段，内河航道生态化建设措施相对滞后[2-3]。长期以来，我国的内河航道整治与建设过程中采用以浆砌、干砌块石护岸等为主的传统建设技术，此类技术对河流生态系统造成显著影响与破坏[4]，同时也不能提升航道建设的景观与文化功能。

目前，随着社会经济与自然环境协调发展观念的不断进步，我国内河航运建设工程建设迎来了航道建设的关键转型期，因此迫切需要构建新的生态航道建设理论和技术用于指导内河航运建设，避免航道建设对河流生态系统的剧烈扰动。生态航道建设要能够妥善解决内河航运建设与河流生态健康之间的矛盾关系，鉴于航道工程建设与河流生态系统具备复杂系统的多过程、多要素等特点，内河生态航道建设面临较多的工程合理布局、河流生态保护、构筑物型材选择等技术问题，是我国内河生态航运开发建设中需要长期关注的关键技术问题[5-6]。因此，发展内河航运生态建设的基础理论与技术，为内河航道生态修复和科学调度提供基础科技支撑，有着十分重要的意义。

近年来，内河航道的生态建设与管理方面的研究逐渐得到重视，主要集中于航道整治、航道构筑物设计与护岸结构优化等方面[7-8]。在内河航道整治与建设工程实践过程中，综合比选不同类型内河航道护岸工程措施的结构、性能、效益，当前应用较为广泛的包括石笼坝、块石坝、沉排坝、透水桩坝等。针对内河航道岸坡的生态治理和恢复措施，实际工程建设中则主要通过改进建筑材料、结构来进行航道生态护坡建设，尚未建立适用性较强的生态岸坡设计理论与技术。同时，已有研究关于内河航道整治工程措施对河流生态系统的影响程度及影响机制不完善，缺乏内河生态航道建设的评价指标体系与评价方法的研究。目前内河生态航道建设尚未形成系统性的理论体系，导致内河生态航道也未能形成统一的规范标准。因此，我国生态航道建设的发展亟须针对内河生态航道建设理论与方法进行全面深入研究。

1.2　内河航道建设生态影响研究进展

1.2.1　内河航道建设对河湖生态系统的影响

1. 航道建设加剧，水系连通受阻，河湖结构变化

近年来，随着社会经济发展和内河航运建设突飞猛进，内河航道规模不断扩展，内河航道建设主要包括挖槽、港口和堤岸固化工程、丁坝和潜坝工程等，自然河道、滨河带、湖泊等被护岸、护滩、护底、疏浚等工程措施所破坏，加之大规模的筑坝工程，使得部分河、湖水系阻隔，直接导致了河湖水系连通发生变化[9-10]。根据研究，全国各等级内河航道通航里程在逐年增加，与2000年相比，2016年全国内河航道通航里程增加了6.8%，各等级内河航道增加了近8100km[11-12]。内河航道的开发建设虽然给流域内带来经济的繁荣，但是大规模建设也给河流、湖泊生态水文过程带来了重大影响。航电枢纽与各类型闸坝的建设导致河湖水系连通受阻、河湖生态结构破碎化，河湖各类型呈孤立态势和人工化趋势。近20年来，新增及改善的等级航道规模逐年增加，河湖水系连通性显著下降，减弱了河湖系统水体自净、纳污能力，影响了流域生态水量的供给平衡，不利于维系河湖生态系统的生物多样性[13-14]。航道工程建设改变了河湖系统自然结构，导致河湖水系的不连续与水文情势的显著变化，也将加剧流域洪涝、干旱灾害风险[15-16]。

2. 航道形态变化，水动力条件异常，河湖生态恶化

航道建设过程中的工程措施直接改变了河湖系统的物理形态，筑坝、护岸工程使得自然河流渠道化，改变了河床、岸坡的自然结构，因而各种形式的航道建设工程会显著改变河湖生态系统的水位、淹水时间、水文周期等水文机制[17]。河道渠化、固岸工程、航道挖槽和筑坝工程等对河流径流量、输沙量与流场等水文过程具有重要影响，同时也显著影响湖泊生态系统的水文特征，而水位、淹水时间等水文机制的改变是湖泊生态系统退化的主要驱动力[18]。丁坝、潜坝、挖槽能够引起局部航道水位、流态、流速在三维空间上的显著变化，坝体建设后导致河床变形与冲淤特性变化，挖槽改变河湖的淤积断面形态。研究表明，深水航道建设后航道水深增加，航道槽流量显著增大，但由于流速增加不明显，航道内淤积量会显著增多。闸坝等整治建筑物区间内存在复杂的平面环流和垂向环流，同时航道两侧的近底横流导致大量泥沙进入航槽沉积[19-20]。内河航道建设工程实施之后，航道运行过程中的船行波也会明显改变通航河道

的水动力特性[21-22]。通航河段的船舶密度、航行速度、船舶吨位的情况复杂多变，将会引起航道的流量脉冲、水深、局部流场等水文水动力条件的剧烈扰动，导致水生生物栖息地的退化[23-24]，从而显著影响航道中浮游动植物、底栖生物、鱼类等水生生物类群的群落结构与多样性水平，导致河湖生态系统恶化[25-27]。

3. 河湖污染严重，航道水质恶化，水环境功能下降

内河航道建设与整治会对河湖生态系统产生较大影响，施工期的生产、生活污水导致航道水质恶化，疏浚等工程措施极大改变航道水体的悬浮物浓度[28-29]。内河航道运行过程的主要污染源是船舶漏油、噪声、灯光、船行波等对航道内水质的影响。在船舶运输过程中，船舶的含油污水、化学品、生活污水、生活垃圾排放到河道水体中，导致河流生态环境的污染，最终造成通航河段水质恶化。同时，船舶突发性事故导致的石油、化学制剂泄漏，也会严重影响河流水质。由于航道内船舶船型、吨位、航速和轮机功率的差异性，航运船只产生的噪声大都属于高噪声源。因此，在船舶密度大的通航河段，船舶航行的振动和噪声污染尤其严重，加之船行波对滨河带沉积物的扰动[30-32]，对河道水体中的典型生物有较大影响，显著影响水生生物群落的空间分布与多样性[33]。航道建设与运行的污染已威胁到河湖关键生物的生长、繁殖过程，影响了河流、湖泊生态系统的水环境功能[34-37]。

1.2.2　内河航道建设对航道岸线的影响

河流湖泊等水域岸线位于水陆交错区域，生物种类丰富多样，是水生生物与陆生生物的群落交错区，是河流生态系统物质循环与能量流动的关键区域，属于河流生态系统中生物的重要栖息地，具有重要的生态服务功能[38]。同时，由于航道岸线沿岸区域内具备便利的生产生活和交通运输条件，通常为人口和各种产业聚集的区域，社会经济活动发展往往存在对岸线资源的挤占、开发现象，会对航道生态系统造成显著破坏[39-41]。航道岸线是航道沿线国民经济设施建设的重要载体，是支撑区域经济发展的重要资源[42]。内河航道岸线资源的开发利用与河流生态环境保护之间的矛盾日趋严重，迫切需要从航道建设、航道整治、航道运行和管理等过程中进行总体规划与部署，统筹内河航道岸线资源的开发利用和保护，促进航道岸线资源的科学利用、有效保护和依法管理。

近年来，随着我国社会经济的快速发展，内河航道建设与整治规模不断推进，航道港口岸线和航道资源的无序开发利用也对河岸带生态系统造成了显著破坏。具体表现为：首先，内河航道港口岸线、航道建设通常连通自然保护区、风景名胜区、水产资源保护区及重要湿地等生态敏感区，航运建设极大地挤占了区域生态空间[43-44]；其次，由于航道建设区域内部分河段开发强度较大，河流自然岸线普遍硬质化、规则化，航道的生态岸线保有率较低，导致河滨带生

态功能难以保障，例如，长江航道的江西、安徽江段平均一公里内就建设有一座码头，江苏江段的自然岸线也基本消耗殆尽[45]；再次，当前航道建设过程中对岸坡整治的统筹规划不足，各类型功能的航道岸线存在无序开发，各类型岸线间布局的不合理造成航道岸线功能衰退[46]；又次，航道岸线的过度开发，使得岸线利用效率不高，各种小散乱码头的重复建设造成了严重的资源浪费[47]；最后，内河航道的开发利用，提升了航道沿线的产业规模，但也压缩了河流生态系统生物栖息地生境，加剧了流域水污染情况。

综上可知，内河航道建设亟须开展内河航道港口岸线和航道资源开发趋势的研究，深入分析内河航运发展对河流生态系统和水环境质量的整体性、累积性影响，面向内河航道生态岸坡的空间布局、结构型式等关键问题，提出能够确保航道岸线资源可持续利用的建设目标、建设策略和建设方式。

1.3　内河生态航道研究进展

1.3.1　河流生态修复理论

河流生态修复理论最初由德国研究人员概括提出，初期的河流生态修复概念强调水利工程在保障河流的防洪、供水、水土保持等基本功能的基础上，还需要使受工程干扰河段达到接近自然河流状态的状态[48]。瑞士、德国等国水利与生态环境保护技术人员提出“亲近自然河流整治”的概念，要求河道整治在完成传统河道通航任务的基础上，可以达到接近自然、经济并保持河流景观的一种近自然治理方案[49-50]。随着河道生态治理方面的理论研究不断发展，河流生态修复工程以河道未受人类活动干扰的原始自然状态作为受损河流修复的最终目标，明确河流开发与建设在规划阶段就应当考虑到水利工程、航运工程对河流生态系统的负面影响，需预先提出河流生态修复与生态补偿的措施，并在此基础上实施河流生态修复的工程实践。因此，欧美等发达国家也都开展了河流水质生物评估和河流生态修复工作，并推进了“自然河道设计技术”“近自然工事”或“多自然型建设工法”的研究与工程实践[51-53]，在保障河流防洪安全的前提下，开展生态河堤建设，恢复河滨带植物群落与生态环境。

20 世纪 90 年代至今，河流生态修复理论经过数十年的发展与实践，各国普遍弃用传统航道整治过程中采用混凝土、石砌护岸而忽略生态平衡的工程模式，采用植物、干砌石、生态混凝土等护岸技术进行河岸带的生态化改造[54]。通过“近自然河流”和“生态护岸”等理念和技术，将生态保护融入河流整治工程中，系统研究修复工程涉及的河流形态和冲积过程、河流生态功能、河岸侵蚀过程、岸坡加固生态技术等，从工程规划、设计、运行与管理各方面进行综合设计。同时，在拓展河流生态修复技术的基础上，河流生态修复逐步融合对公共利益的考虑，包括河流自然景观改善、与城市建设整体协调、社会文化传播等方面，如河流蜿蜒性的恢复、河道岸坡的生态防护、河流水文和径流的生态调控、河滨湿地的修复、河流沿线设置公众和人畜的接近设施、河道疏浚泥沙的可持续利用等[55]。虽然在国际河流生态修复研究与治理过程中，有关河道生态修复方面已取得诸多成果，研究者也改进和推出了护岸、疏浚等工程所用的生态环保材料[56]，但是河流生态修复中概念性的成果较多，能够知道修复工程设计和实施的技术与理论体系较少。尤其是在航道工程建设与运行对河流生态系统影响下，针对通航的河流生态整治工程和护岸结构的研究较少，涉及内河生态航道的评价体系的研究不足。

我国在河流生态治理方面的研究工作尚处于起步阶段，且主要以城市化背景下河流生态修复和水系景观提升方面的研究为主，尤其是在城市区域河流水环境质量改善方面进行了系统的研究，已形成适合不同区域城市水环境修复技术和管理方案，如在武汉、苏州等水系丰富的城市开展河流生态修复研究工作，使得区域内河流水质明显改善，河流生态系统初步修复[57-58]。同时，我国在城市河滨带生态恢复方面也开展了研究工作与工程实践，如深圳坪山河河滨带的生态景观改造工程、盐城市区河道生态治理工程等，显著恢复河流水体自净能力，营造了健康的河道水生态系统，提升城市水系的生态价值[59-60]。关于河流生态修复的研究和实践表明，河流生态修复技术关键是在明晰河流的水文特征、地形地貌特征的基础上，科学分析河流生态恶化原因，识别河流生态系统的受损机理与变化特征，采取适宜性的生态修复技术、工程结构形式，合理制定改善河流生态系统的修复目标、总体修复方案和修复措施，构建水清、岸绿的河流生态环境。

1.3.2 内河航道生态修复

近年来，国际上很多发达国家和地区都摒弃了破坏河流自然环境的传统航道整治工程措施，并逐步对内河航道进行生态整治，以期将内河航道生态环境状况恢复到近自然状态[61]。航道生态整治工程主要包括生态护岸建设与环保型材的选取，尽管短期投入高于传统护岸等航道整治工程，但有效维系内河航道的自然环境对保护动植物资源、保护水质、防止水土资源流失都起着极为重要的作用，能够使内河航道产生巨大的生态效益。由于内河航道的主要功能是满足流域沿线范围内的航运需求，为保障内河航道安全、快捷、通畅与高效使用，传统的护岸形式需同时满足河道枯水期蓄水、洪水期泄洪的功能，通常采用硬质化、高岸堤的形式，从而阻断了河流生态系统与陆域生态系统的互馈联系，导致河滨带生态环境遭受显著破坏[62]。目前，我国内河航道建设与运行过程中注重航道等级和功能使用，航道设施如航道标识、护岸结构等通常整齐规则，由于传统护岸工程建设采用的建筑材料以水泥、砂浆、浆砌块石、钢材及石料等高强度的人工材料混凝土为主，虽然直立式硬质护岸具有坚固、耐久的优点，但其存在建设成本高、破坏生态平衡、人工痕迹明显，与周边历史环境、社会环境、生态环境无法相融，景观效果不佳等缺点。因此，当前航道生态整治的发展趋势主要为替换铺设在内河航道两岸的硬质护岸，建设生态型岸坡，恢复河滨带植物群落与河畔林。

从我国现有的内河航道生态整治工程来看，研究者在航道整治生态水工技术的研发与推广方面，陆续开发出多种生态护岸技术和产品，如四面六边透水框架、联锁式植草砖、鱼巢砖、钢丝网护垫、生态混凝土、三维土工网垫、生态袋护岸、土工材料复合种植基等[63-64]。然而，国内对航道整治工程中涉及的生态坝体结构设计与研究不足，目前常见的一类生态丁坝是将植物建筑材料植入丁坝建筑工程中，使具有生态修复功能的植物与传统的建筑材料相结合，在植物定植过程中达到修复河流生态系统和保护丁坝的效果；同时，还有生态效益较好的新型护岸建筑物如鱼巢生态丁坝，此类型丁坝是在河面上与河岸连接成丁字形的坝形构筑物，鱼巢生态丁坝周围透水框架体内部的低紊动区域有助于各类型水生生物在坝体上附着与生存，强紊动区域能够提供给鱼类适宜的生存空间，也可满足多种水生生物生存需求；我国航道生态整治中应当推行生态潜坝的建设，建设生态潜坝能够改善河道内的微地形，构建位于河床内部的深潭-浅滩结构，由于浅滩、深潭能形成急流-缓流等多样性的水流形态，因而能够在河道内形成适宜的栖息生境，为水生生物提供栖息、繁衍的栖息地，有利于恢复航道内部的生物多样性水平，提升航道范围内的河流生态系统的稳定性。

国内已有的内河生态航道生态整治的研究大多是对河道整治方面相关的生态环保型材料及其结构形式的探索，较少研究航道整治后河流生态系统的恢复效果，关于航道整治工程的影响与评价多以物理模型或数学模型来实现，而此类工程评价模型的率定主要依靠局部河道资料与室内试验，因此有关航道整治工程适宜性、合理性的评价已不能满足当前航道建设的需求[65]。针对生态航道建设体系而言，相关的研究尚处于起步阶段，而国内关于生态航道的理论体系研究，还没有形成明确的、系统性理论体系。具体的，内河航道整治的生态影响研究缺乏有效的评价理论和方法，目前需针对现有的内河航道整治工程措施对航道生态影响情况及其机理等方面进行深入探讨；而且关于内河生态航道建设理论、生态航道工程建设技术、生态航道模拟与评价等技术还未达到指导航道工程建设的水平，因此为了促进我国内河生态航道工程建设的快速发展，亟待针对内河生态航道理论体系与建设技术进行深入而系统的研究。

1.3.3 生态航道建设理论

20世纪80年代以来，美国、日本、瑞士、德国等发达国家较快地完成了工业化、城市化进程，内河航道整治逐步转向河流综合整治与生态修复，业已步入“生态工程治理”和“近自然河流治理”的实质性施工与建设时期[66]。内河航道的综合治理与生态建设关键是航道建设理论体系的构建与完善，需摒弃经济高速发展时期所形成的“唯效率主义”的航道建设和治理观念，当前的内河航道整治工程要尊重河流生态系统的自然规律，在航道工程全过程中积极推行河流生态系统和自然环境的恢复和保护工作，充分发挥河流系统的综合服务功能[67]。20世纪90年代至今，内河航道的综合整治与生态建设进入快速发展期，内河航道的生态建设与整治的理念逐渐深入人心[10]。首先，航道整治的目标在于河流生态系统整体生态功能的恢复，而不是仅仅注重提升内河航道的运行效率；其次，内河航道治理过程中除了排除航道各类碍航因素之外，还应当考虑到恢复河流系统的生态因素，如河流水质状况、栖息地生境质量、泥沙输移量、生态流量等；再次，从内河航道建设规划阶段开始，应促进政府各部门、科研院所、民间团体、企业和公众在生态航道运行与管理上的协商与合作；最后，重视航道生态环境信息的公开及分享工作。

近年来，国内关于内河生态航道基础理论的研究则主要围绕生态航道定义、科学内涵、发展趋势、建设目标和系统组成等几个方面进行，生态航道建设相关的基础理论研究还不够完善，并未针对内河生态航道建设理论框架与评估体系开展系统性的研究[68-70]。有研究在梳理我国生态航道发展概况的基础上，分析生态河道治理与生态航道建设的联系和区别，并指出两者间的差异[2]，将生态建设理念引入内河航道建设中，提出了包括水生生态调查与监测、航道工程生态化、通航船舶设计生态化及船舶通航生态化等四方面长江生态航道的建设内容[71]。针对内河生态航道等级划分和生态航道规划设计理论方面的研究，有研究通过分析长江生态航道关键技术需求，初步提出了长江生态航道关键技术体系；在生态航道评价体系研究方面，有研究者结合甘肃省航道建设现状及面临的问题，阐述了航道生态设计理念，并提出了生态航道评价因子和评价方法[72]；同时有研究采用层次分析方法，将生态航道评价指标体系分为目标层、准则层和指标层3个层次，依据施工生态性、航道生态性、航运环保性、航道可持续性与社会适宜性5个准则，采用19个具体指标构成生态航道评价指标体系[73]。目前，有关内河生态航道健康评价理论体系的研究成为生态航道建设理论的关键所在，深入探讨与研究生态航道评估体系，能够推进生态航道建设理论的完善。

1.3.4 内河航道生态健康评价

内河航道的生态健康评价过程与传统的河流健康评价存在一定的差异性，

河流健康评价最早始于河流水质状况评价，随着河流污染治理及水质的改善，河流健康评价的重点由水质保护转为侧重河流生态系统的健康评价[74-75]。对于航道生态健康评价而言，单纯的河流健康评价已不能满足内河航道管理与维护的需要。在新的生态环境理念的引导下，内河航道生态健康状况评价成为内河航道建设的关键所在，包括对河流生境质量、航道建设生态影响、航道生态护岸、航道管理水平等的监测和评价。针对内河航道涉及的河流生态环境健康方面的评价方法众多，大体上可以归纳为两类，首先为预测模型评价方法，相关研究中采用较多的预测模型包括河流无脊椎动物预测和分类系统 RIVPACS 模型和 BEAST 模型河流评价计划 AUSRIVAS 模型等；其次是多指标评价法，应用较为广泛的有物栖息地适宜度指数（Habitat suitability index，HSI）评价方法、快速生物评价方案（Rapid bio - assessment protocol，RBP）、溪流状态指数（Index of stream condition，ISC）、河流栖息地环境调查方法（River habitat survey，RHS）等[76-80]。

近几年来，内河航道生态健康评价已经成为开展内河航道生态系统健康与管理实践的关键部分[81]，与河流健康评价类似，内河航道生态航道健康评价首先需要建立在长期生态监测数据积累的基础上，然后考虑河流生态系统本身具有显著的区域特征，研究和发展适合不同特征河流的生物监测指标体系与技术方法，综合考虑不同等级航道建设与整治工程、航道运行管理方式等因素，最终形成内河生态航道生态健康评价的指标体系和相关的评价标准。当前，国内外许多学者参考已有的河流生态健康评价方法、航道建设标准、各类通航标准等资料，相继提出了用于内河航道生态状况的评价指标体系[82]。基于社会可接受、经济可发展和环境可持续的基本原则，当前生态航道评价指标一般由目标层、属性层、分类层和指标层组成[83-84]，目标层是对内河航道生态健康评价指标体系的高度概括，属性层则包括自然属性和社会属性两个层次，分类层是在属性层下设置的表征该综合指标的分类指标，分别为航道形态结构、水环境状况、水生生物、河滨带生境状况、航道服务功能、航道管理水平、区域文化传播、公众意识等方面，指标层是在各分类层下设置的分项表征指标，如航道形态结构包含若干表征性指标：河床稳定性、生态岸坡覆盖率、水系连通性、通航水深保证率、输沙用水量变化率等，航道生态环境状况应包含典型表征指标，如航道生态需水满足程度、水功能区水质达标率、湿地保留率、典型生物完整性指数等。此外，生态航道评价指标体系还应当考虑内河航道的航道设施完善性、水资源开发利用率、输水泄洪功能保障率、航线利用率、发电功能、供水功能、景观娱乐等指标评价内河航道生态健康状况。

鉴于已有的内河航道生态健康评价过多关注的是内河航道建设与整治工程

后各项表征指标的特征，并针对航道评价指标变化特性提出针对性管理措施，关于如何从基于可持续发展理念和航道工程建设、整治和运行管理全过程出发来构建内河航道生态健康的评价体系，从社会经济和河流生态环境等方面综合考虑内河航道生态环境质量健康的研究尚不全面。同时，目前生态航道评价理论的研究缺乏关于航道工程对河流生态影响及恢复对策的评价理论和方法，这种现状对内河生态航道的决策和管理产生较大影响，也直接影响了内河航道多种功能的发挥和持续利用。因此，迫切需要深入研究内河航道生态健康评价理论和构建生态航道评价指标体系，为内河生态航道的高效管理和持续利用提供技术支撑。

1.4　内河生态航道的研究意义与挑战

长期以来，我国经济的快速发展带动内河航运步入高速发展期，由于内河航运发展模式的局限性，目前我国内河航道建设与整治工程有悖可持续发展理念，各等级航道的建设与航道整治工程的大规模开展对区域河流生态系统健康产生了显著胁迫作用。随着航道建设技术的发展以及人们对环境和生态保护意识的提升，单纯以满足通航功能需求的内河航道建设技术和理念，已经不能适应当今以生态文明为内涵新的航运发展阶段[85]。虽然航道整治工程提升了各等级航道的通过能力，却导致整治过程中及建成后的内河航道对原有河流生态系统的严重破坏，其后果就是河流生态环境的先破坏后修复，浪费了大量的资源。因此，迫切需要改变传统的内河航道建设方式，倡导可持续发展的生态航道建设新理念。建立内河生态航道建设理论框架与评价指标体系，使得内河航运的发展与河流生态系统的保护协同进行，在河流自然生态保护和修复中进行航运开发，在内河航运开发保护河流自然生境，形成将生态保护与内河航道建设相融合的新理念，从而实现河流治理环境效益、经济效益和社会效益的最大化，为我国内河生态航道的建设提供技术支撑。

目前在内河生态航道建设方面，生态航道建设的理念与技术大多体现在个别工程的试点建设之上，尚未形成一套完整的生态航道构建理论与技术体系，用于指导航道建设工程的规划、设计、实施及管理[86-87]。由于当前涉及内河生态航道建设的实践是零散的，因此有必要开展内河生态航道理论体系的研究，将生态航道的理念具体化、工程化，进而深入探讨航道生态建设理论与具体航道工程实践有机结合[88-93]。例如，明确内河生态航道科学内涵，确定生态航道建设目标和功能定位；在构建内河生态航道理论体系的基础上，探讨航道整治工程对河流生态系统的影响及评价指标体系；结合内河生态航道的模型模拟与系统评价技术，将生态航道作为航道工程建设新的发展理念，系统研究、解决内河航道规划、设计、建设以及管理所涉及的诸多关键问题。

内河生态航道建设理论的研究需要多学科交叉融合，融合生态学、环境学、景观学、水力学、河流动力学、河床演变学、航道工程等诸多学科相关理论，进而提出较为完善的内河生态航道工程理论和技术[94-95]。本书是关于内河生态航道建设关键技术研究，涉及航道通航要求、标准，内河生态航道生态健康评价指标体系、内河生态航道工程评价理论、生态航道建设规划、设计成套技术等，能够在理论层面提升我国内河生态航道开发建设水平，充分发挥内河航道的航运和生态效益，从整体上促进我国生态航道学科技术水平和研究水平提高。通过本书，能够归纳、总结出较为完整的关生态航道建设的理论体系，并能够通过后续工作深入分析为相关航道建设与管理标准规范的制定提供依据，完善国内生态航道建设和整治理论与技术。

1.5　技术路线图

本书围绕内河生态航道理论框架与评价指标体系研究，结合理论分析与现场调查相结合的研究思路，针对内河生态航道建设关键理论技术进行研究，探明航道建设对航道岸坡带生态系统中关键生物类群的群落结构、组成、特征的作用强度。通过探讨内河生态航道生态环境状况、航线规划、工程设施完善率、管理措施等方面，建立内河生态航道建设理论框架，同时分析适宜于生态航道建设的生态护岸结构、形式与材料，为内河航道建设、整治工程进行局部调整或整体优化提供理论依据。在内河航道建设与运行过程中对河流生态系统进行系统性、持续性的监测，并对内河生态航道进行等级划分，基于航道安全、生态环境、水资源综合利用、航道文化、航道所处区域等方面确定评价指标，针对现有、新建内河航道选取适宜性评价方法，建立内河生态航道建设指标体系，对内河生态建设水平与航道生态健康状况进行有效的监测评估。基于本书构建的内河生态航道评价体系，以贵州樟江航道为研究对象，在综合考虑前期航道综合规划、航道工程建设与运行对河流生态系统影响、航道运行管理现状及樟江航道通航船舶情况研究的基础上，运用内河生态航道评价体系对樟江航道健康度进行评价，并针对樟江生态航道建设存在的关键问题提出适宜性的技术措施，为未来的生态航道规划设计、航道施工、航道运营、航道维护和航道管理研究提供理论基础。内河生态航道建设理论框架如图 1.1 所示。

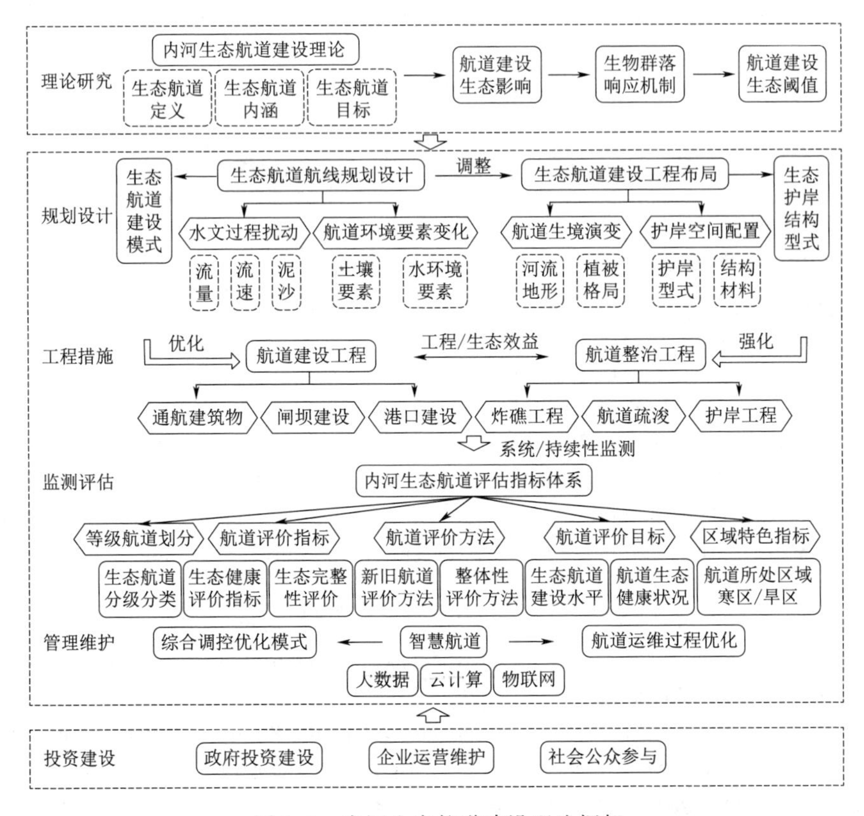

图 1.1　内河生态航道建设理论框架

参 考 文 献

[1] 刘怀汉，雷国平，尹书冉，等. 长江干线航道治理生态措施及技术展望 [J]. 水运工程，2016 (1)：114－118.

[2] 闵凤阳，黄伟，王家生，等. 浅谈生态河道治理与生态航道建设的关系 [J]. 中国水运，2016 (2)：65－71.

[3] 刘清，曾旭虹. 国内外内河航道发展阶段对比分析 [J]. 水运工程，2014 (1)：102－107.

[4] 陈国剑. 内河航道工程对环境的影响分析及相关环保措施 [J]. 珠江水运，2011 (14)：74－77.

[5] MORAN S，PERREAULT M，SMARDON R. Finding our way：a case study of urban waterway restoration and participatory process [J]. Landscape and urban planning，2019 (191)：102982.

[6] 杨苗苗. 广东省内河航道整治工程对河流生态影响和对策研究 [D]. 南京：东南大学，2015.

[7] 关春曼，张桂荣，程大鹏，等. 中小河流生态护岸技术发展趋势与热点问题 [J]. 水利水运工程学报，2014 (4)：75-81.

[8] 梁开明，章家恩，赵本良，等. 河流生态护岸研究进展综述 [J]. 热带地理，2014 (1)：116-122.

[9] HEIN T，SCHWARZ U，HABERSACK H，et al. Current status and restoration options for floodplains along the Danube River [J]. Science of the total environment，2016 (543)：778-790.

[10] WEBER A，GARCIA X F，WOLTER C. Habitat rehabilitation in urban waterways：the ecological potential of bank protection structures for benthic invertebrates [J]. Urban ecosystems，2017，20 (4)：759-773.

[11] 中华人民共和国交通运输部. 交通运输行业发展统计公报 [R]. 2020.

[12] Tonkin J D, Merritt D M, Olden J D, et al. Flow regime alteration degrades ecologicalnetworks in riparian ecosystems [J]. Nature Ecology and Evolution. 2018 (2). 86-93.

[13] HUDSON P F，HEITMULLER F T，LEITCH M B. Hydrologic connectivity of oxbow lakes along the lower Guadalupe River，Texas：the influence of geomorphic and climatic controls on the "flood pulse concept" [J]. Journal of hydrology，2012 (414)：174-183.

[14] LYTLE D A，MERRITT D M，TONKIN J D，et al. Linking river flow regimes to riparian plant guilds：a community-wide modeling approach [J]. Ecological applications，2017 (27)：1338-1350.

[15] HWAN J L，CARLSON S M. Fragmentation of an intermittent stream during seasonal drought：intra-annual and interannual patterns and biological consequences [J]. River research and applications，2015 (32)：856-870.

[16] BELNAP J，WELTER J R，GRIMM N B，et al. Linkages between microbial and hydrologic processes in arid and semiarid watersheds [J]. Ecology，2005 (86)：298-307.

[17] HABERSACK H，HEIN T，STANICA A，et al. Challenges of river basin management：current status of，and prospects for，the River Danube from a river engineering perspective [J]. Science of the total environment，2016 (543)：828-845.

[18] 李英华，杨志峰，崔保山. 广州南沙地区湿地生态特征现状分析 [J]. 北京师范大学学报 (自然科学版)，2004 (4)：534-539.

[19] DAVIES P，LAWRENCE S，TURNBULL J，et al. Reconstruction of historical riverine sediment production on the goldfields of Victoria，Australia [J]. Anthropocene，2018 (21)：1-15.

[20] BALDWIN D S，FRASER M. Rehabilitation options for inland waterways impacted by sulfidic sediments-a synthesis [J]. Journal of environment management，2009 (91)：311-319.

[21] ROLLS R J，BALDWIN D S，BOND N R，et al. A framework for evaluating food-web responses to hydrological manipulations in riverine systems [J]. Journal of environment management，2017 (203)：136-150.

[22] HEMRI S，KLEIN B. Analog-based postprocessing of navigation-related hydrologi-

cal ensemble forecasts [J]. Water resources research, 2017 (53): 9059 - 9077.

[23] RAHMAN M A, JAUMANN L, LERCHE N, et al. Selection of the best inland waterway structure: a multicriteria decision analysis approach [J]. Water resources management, 2015 (29): 2733 - 2749.

[24] CASTELLO L, MCGRATH D G, HESS L L, et al. The vulnerability of Amazon freshwater ecosystems [J]. Conservation letters, 2013 (6): 217 - 229.

[25] HARVOLK S, SYMMANK L, SUNDERMEIER A, et al. Human impact on plant biodiversity in functional floodplains of heavily modified rivers - a comparative study along German federal waterways [J]. Ecological engineering, 2015 (84): 463 - 475.

[26] MACNAUGHTON C J, HARVEY - LAVOIE S, SENAY C, et al. A comparison of electrofishing and visual surveying methods for estimating fish community structure in temperate rivers [J]. River research and applications, 2015 (31): 1040 - 1051.

[27] KITTO J A J, GRAY D P, GREIG H S, et al. Meta - community theory and stream restoration: evidence that spatial position constrains stream invertebrate communities in a mine impacted landscape [J]. Restoration ecology, 2015 (23): 284 - 291.

[28] GARNIER M, HARPER D M, BLASKOVICOVA L, et al. Climate change and European water bodies, a review of existing gaps and future research needs: findings of the Climate Water Project [J]. Environmental management, 2015 (56): 271 - 285.

[29] DOREVITCH S, DEFLORIO - BARKER S, JONES R M, et al. Water quality as a predictor of gastrointestinal illness following incidental contact water recreation [J]. Water research, 2015 (83): 94 - 103.

[30] ROO S D, TROCH P. Evaluation of the effectiveness of a living shoreline in a confined, non - tidal waterway subject to heavy shipping traffic [J]. River research and applications, 2015 (31): 1028 - 1039.

[31] GABLE F, LORENZ S, STOLL S. Effects of ship - induced waves on aquatic ecosystems [J]. Science of the total environment, 2017, 601 - 602: 926 - 939.

[32] LIEDERMANN M, TRITTHART M, GMEINER P, et al. Typification of vessel - induced waves and their interaction with different bank types, including management implications for river restoration projects [J]. Hydrobiologia, 2014 (729): 17 - 31.

[33] MORRIS M, MOHAMMADI M H, DAY S, et al. Prediction of gloss soma biomass spatial distribution in Valley Creek by field measurements and a three - dimensional turbulent open - channel flow model [J]. Water resources research, 2015 (51): 1457 - 1471.

[34] KEUKEN M P, MOERMAN M, JONKERS J, et al. Impact of inland shipping emissions on elemental carbon concentrations near waterway in the Netherlands [J]. Atmospheric environment, 2014 (95): 1 - 9.

[35] PARKER J, EPIFANIO J, CASPER A, et al. The effects of improved water quality on fish assemblages in a heavily modified larger river system [J]. River research and applications, 2016 (32): 992 - 1007.

[36] MARLOW D R, MOGLIA M, COOK S, et al. Towards sustainable urban water management: a critical reassessment [J]. Water research, 2013 (47): 7150 - 7161.

[37] RICKSON R J. Can control of soil erosion mitigate water pollution by sediments [J]. Science of the total environment，2014 (468)：1187 - 1197.

[38] HONG S W，KIM D K，DO Y，et al. Stream health，topography，and land use influences on the distribuiton of the Eurasian otter *Lutra lutra* in the Nakdong River basin，South Korea [J]. Ecological indicators，2018 (88)：241 - 249.

[39] 丁坚，姚建卫，李安中，等. 江苏省内河航道沿岸设施控制标准研究 [J]. 河海大学学报（自然科学版），2010 (3)：337 - 341.

[40] 刘洪义，曹一中，吴加红. 内河航道岸线综合利用规划研究 [J]. 水运工程，2009 (9)：63 - 66.

[41] 王淮. 生态航道的建设研究与应用——以杨林塘航道生态护岸整治工程为例 [D]. 苏州：苏州科技大学，2016.

[42] 陈媛，张凌，张旭. 水网地区内河航道岸线综合利用规划研究 [J]. 水运工程，2013 (4)：117 - 121.

[43] 王传胜，孙小伍，李建海. 基于GIS的内河岸线资源评价研究——以武汉市域长江干流为例 [J]. 自然资源学报，2002 (1)：95 - 101.

[44] 郭兴杰，王寒梅，史玉金，等. 基于自然影响因子的长江口港口岸线资源评价 [J]. 人民长江，2018 (49)：1 - 7.

[45] 马荣华，杨桂山，陈雯，等. 长江江苏段岸线资源评价因子的定量分析与综合评价 [J]. 自然资源学报，2004 (19)：176 - 182.

[46] CAMP J S，LEBOEUF E J，ABKOWITZ M D. Application of an enhanced spill management informatin system to inland waterways [J]. Journal of hazardous materials，2010 (175)：583 - 592.

[47] SCHWEIGHOFER J. The impact of extreme weather and climate change on inland waterway transport [J]. Natural hazards，2014 (72)：23 - 40.

[48] HAASE P，HERING D，JAHNIG S C，et al. The impact of hydromorphological restoration on river ecological status：a comparison of fish，benthic invertebrates，and macrophtes [J]. Hydrobiologia，2013 (704)，475 - 488.

[49] PALMER M A ，HONDULA K L，KOCH B J. Ecological restoration of streams and rivers：shifting strategies and shifting goals [J]. Annual review of ecology，evolution，and systematics，2014 (45)：247 - 269.

[50] WORTLEY L，HERO J M，HOWES M. Evaluating ecological restoration success：a review of the literature [J]. Restoration ecology，2018 (25)：537 - 543.

[51] BECKER J F，ENDRENY T A，ROBINSON J D. Natural channel design impacts on reach - scale transient storage [J]. Ecological engineering，2013 (57)：380 - 392.

[52] CHEN Q W，CHEN D，LI R，et al. Adapting the operation of two cascaded reservoirs for ecological flow requirement of a de - watered river channel due to diversion - type hydropower stations [J]. Ecological modelling，2013 (252)：266 - 272.

[53] BALICA S F，POPESCU I，BEEVERS L，et al. Parametric and physically based modelling techniques for flood risk and vulnerability assessment：a comparison [J]. Environmental modelling and software，2013 (41)：84 - 92.

[54] WOHL E，LANE S N，WILCOX A C. The science and practice of river restoration

[J]. Water resources research, 2015 (51): 5974 - 5997.

[55] WALSH C J. Urban impacts on the ecology of receiving waters: a framework for assessment, conservation and restoration [J]. Hydrobiologia, 2000 (431): 107 - 114.

[56] LI Y, SIMUNEK J, ZHANG Z T, et al. Water flow and nitrate transport through a lakeshore with different revetment materials [J]. Journal of hydrology, 2015 (520): 123 - 133.

[57] 刘伟毅. 城市滨水缓冲区划定及其空间调控策略研究——以武汉市为例 [D]. 武汉: 华中科技大学, 2016.

[58] 李治源. 平原地区农村中小河道生态修复技术集成研究 [D]. 苏州: 苏州科技大学, 2017.

[59] 林高松, 黄晓英. 深圳坪山河近年水质评价与变化趋势分析 [J]. 环境与发展, 2015 (27): 32 - 36.

[60] 潘梅, 李海宗, 康琳琦. 盐城市黑臭河道现状分析及综合治理建议 [J]. 广东化工, 2016 (43): 150 - 151.

[61] ZAJICEK P, WOLTER C. The effects of recreational and commercial navigation on fish assemblages in large rivers [J]. Science of the total environment, 2019 (646): 1304 - 1314.

[62] VAN DIJK W M, TESKE R, VAN DE LAGEWEG W I, et al. Effects of vegetation distribution on experimental river channel dynamics [J]. Water resources research, 2013 (49): 7558 - 7574.

[63] REY F, BIFULCO C, BISCHETTI G B, et al. Soil and water bioengineering: practice and research needs for reconciling natural hazard control and ecological restoration [J]. Science of the total environment, 2019 (648): 1210 - 1218.

[64] BAUER M, HARZER R, STROBL K, et al. Resilience of riparian vegetation after restoration measures on River Inn [J]. River research and applications, 2018 (34): 451 - 460.

[65] CRON N, QUICK I, ZUMBROICK T. Assessing and predicting the hydromorphological and ecological quality of federal waterways in Germany: development of a methodological framework [J]. Hydrobiologia, 2018 (814): 75 - 87.

[66] 董哲仁, 孙东亚, 赵进勇, 等. 生态水工学进展与展望 [J]. 水利学报, 2014 (45): 1419 - 1426.

[67] 夏继红, 严忠民. 生态河岸带研究进展与发展趋势 [J]. 河海大学学报 (自然科学版), 2004 (3): 252 - 255.

[68] CHEN Y M, XU S D, JIN Y. Evaluation on ecological restoration capability of revement in inland restricted channel [J]. KSCE Journal of civil engineering, 2016 (20): 2548 - 2558.

[69] GIBSON - REINEMER D K, SPARKS R E, PARKER J L, et al. Ecological recovery of a river fish assemblage following the implementation of the Clean Water Act [J]. Bioscience, 2017 (67): 957 - 970.

[70] KOZERSKA M. Inland waterway transport in Poland - the current state and prospects for development [J]. Scientific journals of the maritime university, 2016 (47):

136 - 140.
[71] 刘均卫. 长江生态航道发展探析 [J]. 长江流域资源与环境，2015 (24)：9 - 14.
[72] 许鹏山，许乐华. 甘肃省生态航道建设思考 [J]. 水运工程，2010 (9)：87 - 91.
[73] 朱孔贤，蒋敏，黎礼刚，等. 生态航道层次分析评价指标体系初探 [J]. 中国水运·航道科技，2016 (2)：10 - 14.
[74] ZULIANI T，VIDMAR J，DRINCIC A，et al. Potentially toxic elements in muscle tissue of different fish species from the Sava River and risk assessment for consumers [J]. Science of the total environment，2019 (650)：958 - 969.
[75] RIVA F，ZUCCATO E，DAVOLI E，et al. Risk assessment of a mixture of emerging contaminants in surface water in a highly urbanized area in Italy [J]. Journal of hazardous materials，2019 (361)：103 - 110.
[76] ZHU Y，TAO S，SUN J T，et al. Multimedia modelling of the PAH concentration and distribution in the Yangtze River Delta and human health risk assessment [J]. Science of the total environment，2019 (647)：962 - 972.
[77] KHAN I，ZHAO M J. Water resource management and public preferences for water ecosystem services：a choice experiment approach for inland river basin management [J]. Science of the total environment，2019 (646)：821 - 831.
[78] YAO W W，BUI M D，RUTSCHMANN P. Development of eco - hydraulic model for assedding fish habitat and population status in freshwater ecosystems [J]. Ecohydrology，2018 (11)：5 - 11.
[79] YI Y J，SUN J，YANG Y F，et al. Habitat suitability evaluation of a benthic macroinvertebrate community in a shallow lake [J]. Ecoligical indicators，2018 (90)：451 - 459.
[80] SANTOS A，FERNANDES M R，AGUIAR F C，et al. Effects of riverine landscape changes on pollination services：a case study on the River Minho，Portugal [J]. Ecological indicators，2018 (89)：656 - 666.
[81] LI T H，DING Y ，XIA W. An integrated method for waterway health assessment：a case in the Jingjiang reach of the Yangtze River，China [J]. Physical geography，2018 (39)：67 - 83.
[82] FAN A L，YAN X P，YIN Q Z，et al. Clustering of the inland waterway navigational environment and its effects on ship energy consumption [J]. Journal of engineering for the marine environment，2017 (231)：57 - 69.
[83] 匡舒雅，李天宏. 五元联系数在长江下游生态航道评价中的应用 [J]. 南水北调与水利科技，2018 (2)：1 - 11.
[84] 李天宏，丁瑶，倪晋仁，等. 长江中游荆江河段生态航道评价研究 [J]. 应用基础与工程科学学报，2017 (25)：221 - 234.
[85] RESHNYAK V，SOKOLOV S，NYRKOV A，et al. Inland waterway environmental safty [J]. Journal of Physics：conference series，2018，1015 (4)：42 - 49.
[86] ORCHARD D S E，HICKFORD M J H，SCHIEL D R. Use of artificial habitats to detect spawning sites for the conservation of Galaxias maculatus，a riparian - spawning fish [J]. Ecological indicators，2018 (91)：617 - 625.

[87] QU L Y, HUANG H, XIA F, et al. Risk analysis of heavy metal concentration in surface waters across the rural - urban interface of the Wen - Rui Tang River, China [J]. Ecvironmental pollution, 2018 (237): 639 - 649.

[88] BAILLIE B R. Herbicide concentrations in waterways following aerial application in a steepland planted forest in New Zealand [J]. New Zealand Journal of forestory science, 2016 (46): 16 - 22.

[89] YANG Y P, ZHANG M J, LI Y T, et al. The variations of suspended sediment concentration in Yangtze River Estuary [J]. Journal of hydrodynamics, 2015 (27): 845 - 856.

[90] BOOTH D B, KARR J R, SCHAUMAN S, et al. Reviving urban streams: land use, hydrology, biology, and human behavior [J]. Journal of the American Water Resources Association, 2004 (40): 1351 - 1364.

[91] GRENOUILLET G, PONT D, SEIP K L. Abundance and species richness as a function of food resources and vegetation structure: juvenile fish assemblages in rivers [J]. Ecography, 2002 (25): 641 - 650.

[92] SMOKOROWSKI K E, PRATT T C. Effect of a change in physical structure and cover on fish and fish habitat in freshwater ecosystems - a review and meta - analysis [J]. Environmental reviews, 2007 (15): 15 - 41.

[93] WEBER A, LAUTENBACH S, WOLTER C. Improvement of aquatic vegetation in urban waterways using protected artificial shallows [J]. Ecologcial engineering, 2012 (42): 160 - 167.

[94] PETRIE B, BARDEN R, KASPRZYK - HORDERN B. A review on emerging contaminants in wastewaters and the environment: current knowledge, understudied areas and recommendations for future monitoring [J]. Water research, 2015 (72): 3 - 27.

[95] KLEIN S, WORCH E, KNEPPER T P. Occurrence and spatial distribution of microplastics in river shore sediments of the Rhine - Main Area in Germany [J]. Environmental science and technology, 2015 (49): 6070 - 6076.

第2章　内河生态航道建设理论及关键问题

2.1　内河生态航道建设背景

在流域综合运输体系中，内河航运拥有载量大、能耗低、投资少、保障率高的优势，是承载国家与区域社会经济可持续发展的重要战略资源。科学发展内河航运能够充分发挥水资源综合利用效率，显著改善区域生境质量。提升内河航道建设与开发技术能够兼顾灌溉、供水、发电、防洪、旅游、渔业等方面的社会效益，有利于社会的可持续发展。

在我国推进生态文明建设的战略背景下，内河航道建设应走生态优先、绿色发展之路[1]。目前，国际上欧美等国家和地区对内河航道的综合治理与生态建设秉持“近自然河流治理”的观念，遵循河流生态系统的自然规律，注重航道建设和运行过程中河流生态环境的恢复与保护工作[2-3]。然而，现行内河航道建设与运行过程中，尚没有将航道建设工程、河流生态系统、河流景观有机融合的航道建设理论技术体系。当前，内河航道建设工程主要包括疏浚工程、炸礁工程、护岸工程及相关配套建设工程[4-5]，疏浚工程、炸礁工程等破坏了水生生物栖息地，护岸工程多使中小河流渠道化，河流生态系统的完整性和多样性受到明显扰动。内河航道建设要充分遵循生态化、规范化、标准化的航道评价体系与管理措施，从根本上改善对河流生态系统的控制和调节成为航道运行与维护研究的前沿热点。

现有的内河航道建设与生态治理工程的最终目的在于河流整体生态功能的恢复，生态航道建设除了着重控制污染以外，更多考虑到航道建设对生境要素的影响[6-8]，如栖息地保护、流量变化、泥沙运动等。在内河航道岸坡的稳定和生态治理方面，则主要探索不同材料、结构的生态护坡形式，没有系统的生态岸坡设计理论与技术。尚未形成关于内河生态航道的建设标准。已有的航道整治工程措施对河流生态系统的影响程度及其机理不明，缺乏成套的内河生态航道建设的有效的评价理论和方法。目前，现有生态航道理论、内河生态航道建设技术的研究不能满足指导航道工程建设的需要，因此，我国的生态航道工程的顺利推进亟须针对内河生态航道建设理论技术进行深入、系统的研究。

在气候变化与高强度航道工程建设的双重胁迫下，我国河湖生态系统面临水循环变迁、水文过程受阻、水文情势异常、水污染严重、生物多样性减少、生物群落结构异常等生态问题，并向着不利于系统健康和良性循环的方向发展，河湖生态系统的整体服务功能严重下降，需进一步革新内河航道建设的理念与模式。本章在分析内河航道建设对河湖生态系统影响的基础上，系统性地提出了内河生态航建设的内涵与总体需求，并构建了生态航道建设的理论框架。主要目标如下。

（1）在分析内河航道建设对河湖生态系统影响的基础上，明确内河生态航建设的概念、内涵与总体需求。

（2）通过分析内河生态航道建设的生态要求、水动力过程及空间布局特征，建立生态航道建设的理论框架。

（3）通过探讨生态航道建设需重点关注的航道建设对河流生境影响机理，明晰内河生态航道设计涉及的船行波对河滨带的影响、航道工程对典型水生生物的影响、生态航道评价体系构建、生态航道管理机制等关键科学问题。

2.2 内河生态航道建设的内涵和总体需求

2.2.1 内河生态航道建设的内涵

生态航道是指将航道通航功能和河流生态系统功能系统协调与整合，将自然生态理念融入航道施工、运营、养护和管理的各个环节，通过采取工程和非工程措施，减缓或避免航运开发对自然河流生态系统的干扰和胁迫，在航道发挥基本功能的基础上，维护通航河道自然形态结构及其生态系统功能，是维持河流生态完整性和航道可持续发展的一种航道建设模式。

与现有内河航道建设相比，生态航道建设与运行要系统考虑航道建设过程中河流生态系统的演变规律，借助定性定量、数理统计以及模型构建方法，阐明内河生态航道的水生态与水环境特征；正确把握河流通航引起的河流生态系统过程和功能上的变化与关联，制定内河生态航道的运行、维护机制（表 2.1）。明确生态航道的科学内涵，是生态航道研究的前提和基础。生态航道的研究包括生态航道的构成、构成要素的功能属性与特征。生态航道的提出旨在综合利用内河航道资源，保护河流整体生态环境。在全面统筹考虑内河航道通过能力、沿河经济社会的发展需求与内河航道生态承载能力的基础上，科学合理地确定内河航道开发强度和建设规模，提升航道运行效率，减少内河航道建设与运行对水资源、自然环境的消耗与占用。

表 2.1　　现有内河航道建设与内河生态航道建设模式对比

建设模式	内河生态航道建设	现有内河航道建设
目标	航运效率、生态保障	航运效率
对象	工程建设、河湖生态系统修复与保护	航道工程构筑物与配套设施
任务	工程措施优化、航道生态修复、生态保护	节能措施、工程安全、环境保护与水土保持
模式	航道状态优化	航道状态改变
运行管理	绿色智慧航道	信息化管理

2.2.2　内河生态航道建设的总体需求

内河生态航道建设的现实需求就是要协调内河航道开发建设与河湖生态保护之间的关系，并让内河航道最大限度发挥生态环境功能和产生社会经济效益。核心是明确内河航道建设与河湖生态系统的响应关系，具体建设要求为：①内河航道建设不改变河湖系统的生态水文过程；②航道建设与运行不损害河道、湖泊的生态服务功能；③航道运行及维护过程不会污染河湖水质，不降低航道水环境功能；④为航道、港口建设对河湖生态环境影响提供评价指标体系与量化方法。在气候变化和人类活动的双重胁迫下，内河生态航道建设需充分发挥河湖系统的自然调节能力，整体提升流域的综合调节性能。

2.2.3　内河生态航道建设的总体思路

内河生态航道建设就是要在明确内河航道建设与河流、湖泊生态环境的响应关系的基础上，充分发挥自然河湖系统对水生态过程的综合调节作用；规范航道建设与整治工程措施，减少其对河湖生态系统的扰动；开发内河生态航道整治结构，如生态型坝体结构、生态护岸和护滩构筑物、替代生境等；系统规划航线与工程设施的空间布局；融合大数据、物联网、云计算等先进信息技术，构建信息技术支撑下的绿色智慧航道，为内河生态航道建设提供技术支撑。

2.3　内河生态航道建设的理论框架

2.3.1　内河生态航道建设的生态要求

对航道工程建设而言，无论是传统的航道整治工程，如疏浚、炸礁、护岸或护滩、整治建筑物，还是在此基础上开展的河道生态治理工程，都需要明确其对通航河流生态系统的影响程度、对水体环境的改变程度[9-10]。因此，需要明确内河航道工程建设的技术指标及其对河流生态影响的程度，并有针对性地提出解决方案。

1. 航道的宽度、水深

内河航道的宽度较狭且弯度很多，通航船舶的吃水量较浅，但随着船舶密度的增加，河道水位涨落幅度变大。因此，内河航道建设过程中要科学规划航道的通航等级，明确通航后航道水流条件改变后河道生态系统的响应状况，采取合理的航道建设方式。不同等级的内河航道宽度具有不同的通航水流条件，船舶航行产生的船行波对河道底质及底栖动物群落有较大影响[11-12]。因此，针对不同级别等级航道进行航道建设生态影响研究，能够确定不同宽度通航河道的生态阈值。内河航道建设中航道水深的设计除了充分考虑水位流量关系、水面比降和回淤等水流条件，还要结合河流流速和船舶吃水深度，从航道规划层面整体分析上、中、下游航道水深的配置需求，保障航道通畅的同时减小航道整治工程对河流底质的破坏作用[13-14]。

2. 生态航道的岸坡工程型式

在对河道进行基本建设的基础上，生态航道的岸坡工程型式要维护河道水体与周边环境的物质、能量、信息交换过程，护岸工程的植被要能够调节内河航道地表与地下水的水循环过程，承担涵养水分、滞洪补枯、调节水位的功能；同时应当起到改善内河航道水质、保护河滨带生态环境和提升航道景观的作用[11]。生态岸坡的工程结构、护坡植物需采用环境友好型设计，起到重建植被、减缓河道边坡、修复河滨湿地的作用。在抵消船行波冲刷岸坡的同时，还需在河道内配置产卵场，保障航道水体中鱼类的生存环境[15]。生态航道岸坡工程材质尽量采用木桩、竹筏、卵石等天然材料，因地制宜设计具有安全性、耐久性的岸坡结构。

3. 内河航道的近自然化建设

内河航道整治工程中，遵循航道的近自然化建设原则。内河航道建设不可避免地破坏河流的连续性，从而阻断洄游鱼类的洄游路线，对河流生态系统稳定性造成严重威胁。此时要明确河流上、中、下游不同空间内的植物分布、动物迁徙等生态过程中相互制约与相互影响的机制，科学合理地设置鱼道或修建适宜产卵场的替代生境，从整体上保障内河航道发挥基因库和生态景观的作用。在不影响内河航道生态系统稳定性的前提下，对航道内的暗礁、礁石就近整理，维护内河航道的河型、河势；对江心洲与航道裁弯取直而产生的土方，可通过集中处理、设计作为水生生物的栖息地或替代生境等方式，最大程度地维护内河生态系统的自然状态[16-17]。

2.3.2　内河生态航道建设的水动力过程

内河航运作为水运的主要运输形式，航道建设工程的广泛实施，增强了河势的稳定性，也改变了河流的水动力过程[18]。内河航道流速较快，船舶航行过程中产生的船行波对周边环境及景观影响极大。在船行波作用下航道内的波浪不断冲击航道岸坡，使得岸坡表面物质被水流冲刷带走，导致岸坡坍塌。

河流的流量脉冲对维持河流生态系统稳定有重要作用，是河岸湿地主要的水分补给源，能够推动水体中营养盐的迁移、转化，促进水生生物的生长，如河滨带底栖动物等。在运量大的通航河段，高密度的船舶航行扰动河流的流量脉冲，显著改变了河道内的水文、水动力条件，进而影响鱼类的产卵场分布。基于产黏性卵鱼类的典型栖息地对流量脉冲的需求，结合通航航道实测或计算的流量脉冲与河流流速改变程度，确定航运对河道水体中鱼类群落所产生的影响。根据流量脉冲产生的生态影响，对典型航道建设的规划与通航船型提出设计要求。

2.3.3　内河生态航道建设的空间布局

内河生态航道建设应当着重发挥河流生态系统的整体功能，在内河航道空间布置问题上应细致分析不同等级航道与运量大的航段运行中的水位变化程度[19]，高密度通航船舶会产生通航河段的水位顶托作用，改变河道的水文条件，影响河流的底质构成与产卵场分布。其中，船闸、坝体的选址更应综合考虑河流的水文情势变化、河道形态、河流生态系统特点的因素。航道建设过程中对河流生态系统造成的破损，可根据航道整体规划选择替代生境或异地补偿的策略。同时，内河生态航道建设也要结合水资源高效利用与区域交通网发展相协调，遵循少占地、低能耗、重环保与高运能的原则，统筹兼顾水运与区域防洪、排涝、发电、灌溉、供水等之间的关系，提高内河水运的运行效率。

2.4　生态航道建设的关键问题

内河生态航道建设对河流生态系统的胁迫主要表现在航道建设工程对河流自然状态的改变、航道运行对河流生态系统稳定性的扰动两个方面，如图 2.1 所示。

2.4.1　航道建设对河流生态的影响机理

航道建设对河流生态系统有明显的干扰作用，应结合内河航道建设与运行对河流生境的影响程度，如航道宽度、航道水深、通航密度、船型规模等条件对河道自然生态系统的扰动，明晰河流典型鱼类、底栖动物、浮游植物和浮游动物等生物群落结构和多样性水平在不同通航条件下的特征与变化趋势，考察航道建设与运行对河流生态系统的破坏作用对生物群落的影响机制[20]。同时基于不同通航等级航道内生物群落对航道建设的响应过程及其空间分布特征，揭示航道建设对河流生物群落及空间分布的影响机理。同时评价航道建设干扰下河流典型生物群落结构和多样性变化趋势，确定河道内不同生物群落在航道建设扰动下的指示物种，定量化表征内河航道建设对河流生物群落的影响阈值，探讨航道工程建设后河流栖息地条件对河流生物群落的适宜程度。

2.4.2　船行波对河流生态的影响机理

内河航道船行波是影响河滨带生境的关键因素。随着内河航运的快速发展，

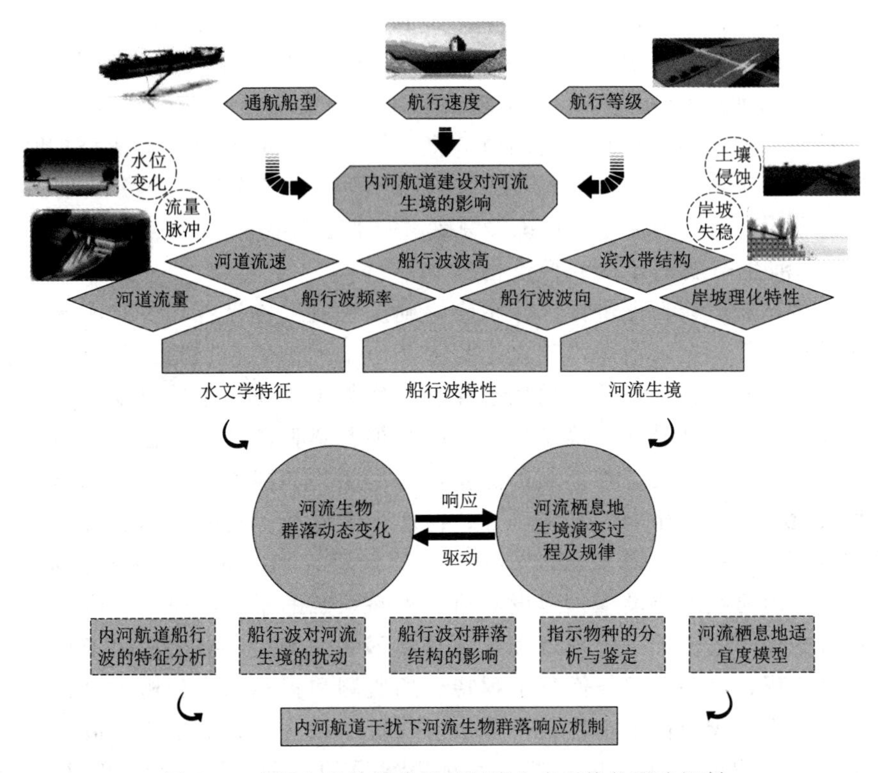

图 2.1 内河生态航道建设对河流生态系统的影响机制

内河航道的通航密度显著提高，船行波对内河航道岸坡的剥蚀作用逐渐增强，导致河滨带岸坡土壤结构破损，水文特征的改变干扰了沉积物传输规律，直接影响航道内生物群落的生存环境[21]。尤其是船行波对河滨带水文特征的改变能够显著影响到河滨湿地中大型底栖动物的栖息环境，进而改变大型底栖动物群落结构与多样性状况（图 2.1）。应结合不同通航密度河段河滨带底栖动物群落结构和多样性分析结果，考察船行波对航道岸坡的冲蚀作用对底栖动物群落的影响机制，同时基于不同通航密度河段船行波干扰下底栖动物群落的响应过程及空间分布特征，阐明不同通航密度条件下船行波对河滨带底栖动物群落多样性水平的影响机理。

2.4.3 航道建设对内河航道生物群落的影响阈值确定方法

内河航道建设应当对不同形式的航道整治工程进行系统的研究与实践，确定内河航道运行过程中船行波的影响控制阈值，建立较完整的生态航道评价指标体系。通过实地考察和系统仿真工具分析，将野外监测、数据分析与历史序列资料相结合，分析内河航道建设与运行过程对河流生境影响历程，辨识并筛选影响河流生态系统的关键因子，并与环境要素建立定量响应关系，作为生态航道建设的评价指标。例如，基于不同通航河段河滨带栖息地内底栖动物群落的优势物种的种群特征及功能，结合河滨带底栖动物栖息地模型的有效应用，定量化表征内河航道河滨带底栖动物栖息地适宜度，考察栖息地流速、基质、覆盖条件对典型底栖动物的影响阈值[22-23]。结合通航河道内水文情势、地形地貌、生境条件等实测资料，根据通航保障与河流生态系统功能维持的关键因素，明晰航道建设过程中河流生态系统关键要素的生态阈值。

2.4.4 内河生态航道建设的评价指标体系

内河生态航道建设评价指标体系应明确反映航道建设各环节对河流生态系统的扰动情况，根据内河航道建设工程各环节不同的工程措施，确定各环节建设工程的主要监测指标，并根据生态保护与修复工程应用条件以及动态分析工程措施要实现的具体功能，确定拟监测指标的具体监测技术方法，包括：航道建设、生态保护与修复工程措施的选择，典型生物功能类群、水文地形等。对航道地貌过程、景观格局、水文过程、物理化学过程、典型生物群落结构和多样性进行定量化描述。参照国内外关于河流健康评估的相应法规和技术规范，并充分考虑内河航道建设工程建设对河流生态系统的干扰和胁迫效应[24-26]，根据对评价指标间逻辑关系的理解和各项指标阈值的测定，提出适用于我国内河航道建设工程、生态保护与修复工程特点的监测和指标综合分析评价方法，建立评价数学模型或指标敏感性分析方法对评价结果进行分等定级，最终完成内河航道建设工程的量化评价，为内河航道建设的规划、管理和决策提供理论依据。

2.4.5 内河生态航道建设的管理机制

内河航道建设技术主要包括岸坡绿色生态治理的科学内涵，包括合理设计构筑物结构形式、因地制宜选择护岸材料、岸坡植被配置格局、航道的景观与水质、生态施工和健全的管理组织与措施等六个方面的内容，同时具备安全性、绿色性、生态性、景观性和人水和谐的特点。而为了缓解内河航道工程建设对河流环境的负面影响，亟须提出和完善内河生态航道规划、设计理论和技术。依据内河生态航道建设原则与实际需求，提出兼顾水文情势调节、水质改善、航道修复和生物多样性保护的内河生态航道建设工程技术方法。在内河航道运行与调度过程中，基于大数据、物联网、云计算等现代信息技术，构建新型绿色智慧航道，对航道的运行、调度提供科学的监测与管理决策。在生态航道建设与管理中，也要加强农业、林业、渔业、水利等多部门的协作（合作）机制，完善内河生态航道建设工程管理制度、体制机制、监测与评估和建设能力，建立具有区域适宜性、技术整合性、生态效益最优性的内河生态航道建设工程管理体系。内河生态航道建设以构建高效、安全、绿色的现代化水运体系为目标，旨在完善流域综合运输体系，维持河湖系统的可持续特性与生态健康，促进流域社会经济的可持续发展。

内河生态智慧航道建设，充分融合“山水林田湖”生命体理念和水生态文明建设的理念，以通航能力提升与生态保护为关键，充分发挥河湖自然生态系统对流域水生态过程的调节作用，减少人类活动对河湖自然生境的扰动作用，满足新时期航运建设的需求。内河生态智慧航道研究与建设涉及交叉学科研究，需在分析内河航道建设工程特征以及航道运行模式的基础上，明确生态航道建设对河流生态系统重要生物群落以及关键生态过程的影响机制，其主要任务是建立具有较高识别敏感度的生态影响评价指标体系。考虑内河生态航道建设理论与评价指标体系，使其在航道工程建设实践中得到进一步检验与完善。

参考文献

[1] 董哲仁. 河流治理生态工程学的发展沿革与趋势 [J]. 水利水电技术，2004，35 (1)：39-41.

[2] MIHIC S，GOLUSIN M，MIHAJLOVIC M. Policy and promotion of sustainable inland waterway transport in Europe - Danube River [J]. Renewable and sustainable energy reviews，2011 (15)：1801-1809.

[3] JI S C，OUAHSINE A，SMAOUI H，et al. Impacts of ship movement on the sediment transport in shipping channel [J]. Journal of hydrodynamics，2014 (26)：706-714.

[4] 刘均卫. 长江生态航道发展探析 [J]. 长江流域资源与环境，2015，24 (1)：9-14.

[5] 王韶伟，徐劲草，许新宜. 河流生态修复浅议 [J]. 北京师范大学学报（自然科学版），2009，Z1：626-630.

[6] STEWART B A. Assessing the ecological values of rivers：an application of a multi - criteria approach to rivers of the South Coast Region，Western Australia [J]. Biodiversity and conservation，2011 (20)：3165-3188.

[7] 崔保山，蔡燕子，谢湉，等. 湿地水文连通的生态效应研究进展及发展趋势 [J]. 北京师范大学学报（自然科学版），2016 (6)：738-746.

[8] 刘冰冰，李怡，吴宇雷，等. 论内河航运的可持续发展 [J]. 水道港口，2015，36 (2)：133-139.

[9] CARIS A，LIMBOURG S，MACHARIS C，et al. Integration of inland waterway transport in the intermodal supply chain：a taxonnmy of research challenges [J]. Journal of transport geography，2014 (41)：126-136.

[10] RAHMAN M A，JAUMANN L，LERCHE N，et al. Selection of the best inland waterway structure：a multucriteria decision analysis approach [J]. Water resources management，2015 (29)：2733-2749.

[11] WEBER A，ZHANG J，NARDIN A，et al. Modelling the influence of aquatic vegeta-

tion on the hydrodynamics of an alternative bank protection measure in a navigable waterway [J]. River research and applications, 2016 (32): 2071 - 2080.
[12] WEBER A, WOLTER C. Habitat rehabilitation for juvenile fish in urban waterways: a case study from Berlin, Germany [J]. Journal of applied ichthyology, 2017 (33): 136 - 143.
[13] ROO S D, TROCH P. Evaluation of the effectiveness of a living shoreline in a confined, non - tidal waterway subject to heavy shipping traffic [J]. River research and applications, 2015 (31): 1028 - 1039.
[14] LINDE F, OUAHSINE A, HUYBRECHTS N, et al. Three - dimensional numerical simulation of ship resistance in restricted waterways: effect of ship sinkage and channel restriction [J]. Journal of waterway, port, coastal, and ocean engineering, 2017 (143): 56 - 65.
[15] 李向阳，郭胜娟. 内河航道整治工程鱼类栖息地保护探析 [J]. 环境影响评价，2015，37 (3)：26 - 28.
[16] CHANDRASEKARAN R, HAMILTON M J, WANG P, et al. Geographic isolation of Escherichia coli genotypes in sediments and water of the Seven Mile Creek a constructed riverine watershed [J]. Science of the total environment, 2015 (538): 78 - 85.
[17] SICURO B, TARANTOLA M, VALLE E. Italian aquaculture and the diffusion of alien species: costs and benefits [J]. Aquaculture research, 2016, 47 (12): 3718 - 3728.
[18] 杨建东，裴金林，许乐华. 基于航道及通航影响的采砂方案优化 [J]. 水运工程，2014，498 (12)：147 - 150.
[19] RIQUELME S M, SLOBBE E, WERNERS S E. Adaptation turning points on inland waterway transport in the Rhine River [J]. Journal of water and climate change, 2015 (6): 670 - 682.
[20] SUKHODOLOVA T, WEBER A, ZHANG J X, et al. Effects of macrophyte development on the oxygen metabolism of an urban river rehabilitation structure [J]. Science of the total environment, 2017 (574): 1125 - 1130.
[21] GABEL F, GARCIA X F, SCHNAUDER I, et al. Effects of ship - induced waves on littoral benthic invertebrates [J]. Freshwater biology, 2012 (57): 2425 - 2435.
[22] VEENSTRA A W, MEIJEREN J, HARMSEN J, et al. Fostering cooperation in inland waterway networks: a gaming and simulation approach [J] Transport of Water versus Transport over Water springer, 2015 (58): 463 - 478.
[23] LI J Y, NOTTEBOOM T E, JACOBS W. China in transition: institutional change at work in inland waterway transport on the Yangtze River [J]. Journal of transport geography, 2014 (40): 17 - 28.
[24] OZTANRI SEVEN F, NACHT MANN H. Economic impact analysis of inland waterway disruption response [J]. The engineering economist, 2017, 62 (1): 73 - 89.
[25] JIANG Y L, LU J, CAI Y T, et al. Analysis of the impacts of different modes of governance on inland waterway transport development on the Pearl River: the Yangtze

River Mode vs. the Pearl River Mode [J]. Journal of transport geography, 2018 (71): 235 - 252.

[26] LI T H, DING Y, XIA W. An integrated method for waterway health assessment: a case in the Jingjiang reach of the Yangtze River, China [J]. Physical geography, 2017 (39): 67 - 83.

第3章　内河生态航道表征指标选取与分析

3.1　内河生态航道表征指标体系研究背景

内河航道建设破坏了河流的自然组成结构，航道工程措施改变了河道的形态与下垫面构成，致使内河航道产生河道萎缩、河流断流、生境退化等问题，采取科学措施修复受损河流的生态功能成为航道建设的重要内容[1-3]。内河航道是能够集中反映人类活动与河流生态系统之间互馈关系的敏感区域，同时由于内河航道的复杂性及其各种环境因素的不确定性，使得内河生态航道表征指标的筛选在生态航道评价过程中成为决定生态航道评价结果的重要因素。内河生态航道评价过程主要关注航道工程建设与运行对河道水文情势、地貌特征、生物群落的影响[4-5]，以及航道区域内河流生态系统在航道扰动下的响应状态[6]。因此，甄别河流生态健康的表征指标以及判断内河航道对河流生态健康的影响程度对于航道建设与整治规划具有重要意义。合理地选取内河生态航道评价的表征指标能够科学地对内河航道生态健康状况进行评估，使管理部门依据航道的生态现状规划高效的航道整治措施。

内河生态航道的建设关键在于河道在航道工程扰动之后的生态影响评估与修复，但是随着社会经济的快速发展，在航道建设与整治工程中趋向于协同发展航道的运输、生态、景观、娱乐等多方面功能。近几年我国逐步重视内河航道的生态建设问题，采取了许多相关措施，包括在一些内河航道生态保护方面开展分析和评价等方面的研究工作[7-8]。同时研究者开始积极关注受损河流生态系统的修复研究，并将其整合到生态航道建设理论与工程技术中，将工程实践应用到内河航道的建设与整治过程中。但与国外生态航道建设过程相比，我国内河航道建设过程中的生态保护还略显不足，目前我国在生态航道建设方面主要关注内河航道的功能保障与管理调度、工程建设后的河流生态修复研究，针对航道生态保护的工程措施主要集中于生态新技术、河流生态修复工程等方面，内河生态航道建设中缺乏科学合理的措施来协调航道工程建设与河流自然生态系统之间的相互关系[9-12]。因此，鉴于航道建设与整治工程对河流生态的影响状况，内河生态航道建设需要构建河流生态保护与修复的标准体系及相关生态保护技术标准。通过制定策略、决策、行动、监测、研究和评估过程明确内河航道生态状况，确定一系列适应性管理的航道建设、管理措施，能够有效地维护内河航道生态系统健康。

内河航道生态系统健康对维系区域生态健康有着重要作用，从河流的生态状况、水文情势、地形地貌等对航道生态健康状况进行评价，首先要明确评价河流健康状况的表征指标，进而构建内河生态航道评价指标体系，准确地描述内河航道生态系统状态和功能，科学评价内河航道生态系统的健康程度。内河生态航道表征指标筛选与识别可以诊断航道建设活动与航道环境变迁对河流系统结构、功能和稳定性的影响，并有助于分析扰动河流生境的影响因素、关键因子和主要类别。内河航道的生态健康受到航道工程扰动而产生生态系统退化风险，航道工程对河流的胁迫主要有污染物排放、河流水循环过程改变、河道地貌改变等方面，导致河流生态系统受到多种外界因素的综合胁迫[13-15]，需对航道建设工程对河流生态系统的影响机制及作用形式进行细致、深入的研究，对于扰河流生境的表征指标进行识别与筛选，有助于进一步明确河流生态系统受损的原因，同时为生态航道评价过程具体实施时的定量评价和定性评价提供科学依据。

本章主要通过明确生态航道评价指标的选取原则和确定原则，采样野外调查研究、资料分析等手段，借助数学分析方法，从河流的水文特征、水质状况、地貌特征、水生生物情况等对航道生态健康状况进行评价，判别航道的健康状况。通过对各类型表征指标进行归纳、分析，选取具有代表性的指标类型，内河生态航道评价的表征指标主要包括水文指标、水质指标、水生生物指标、航道通航密度等指标，基于数据分析等方式筛选而得到内河生态航道表征指标类群，可以较为准确地描述航道区域内河流生态系统的健康状态和功能。

3.2 内河生态航道表征指标的确定依据

生态航道的指标标准是判断相应指标值代表的内河航道生态系统状态是否健康的重要参数，航道指标的确定直接影响生态航道评价结果的真实性[16]。能够明确生态航道表征指标的相关阈值状况，有助于确定生态航道指标的标准模式，也有利于提出生态航道健康评价的参考状态。综合现有的研究成果，生态航道表征指标主要基于以下几个方面予以确定。

（1）国家、地方和行业颁布的标准、规范。国家标准如《内河通航标准》(GB 50139—2014)、《地表水环境质量标准》(GB 3838—2015)、《防洪标准》(GB 50201—94) 等；行业标准指行业发布的环境评价规范、规定、设计要求等；地方标准如规划区目标等。

（2）参考航道建设工程实际中可应用参考研究成果和科学研究已判定的生态因子，如科学研究确定的生物因子与生境因子之间的定性或定量关系。

（3）背景或本底标准。以研究区域的背景值和本底值作为健康阈值，根据历史资料记载，选择各方面状态相对较好的某一时段的河流作为参照对象，或选取同一河流上各方面状态较好的河段作为参考状态。

（4）类比标准。参考自然环境和社会环境相类似，河床演变和功能状态良好的另一条河流的健康阈值。参考国内外研究成果和相关数据，如全国河流健康评估技术大纲设定的河流健康指标评价的阈值范围。

（5）通过公众参与、广泛调研的方式确定生态航道的景观、文化标准。

（6）采用专家咨询法确定内河航道的指标阈值。

3.3 内河生态航道表征指标监测方法

建设环境友好型生态航道，需要定期对生态航道表征指标进行监测，科学制定航道生态化运营、维护和管理措施，定量化评价航道生态化管理维护效果。生态航道的定量指标测量主要通过野外勘察、实地取样和室内分析等技术手段获得所需数据。定量数据应以表格形式展现，将所有监测结果按照时间顺序进行对照，也可用曲线图进行展现，反映数据随时间变化规律并可显示极值[18-19]。由于生态航道是一个生态演进过程，一个动态稳定的河流生态系统的形成需要较长的时间，应建立长期性、持续性的监测系统，为航道运行与管理而服务。

1. 水文要素监测

水文监测是对河流的流速、水位和含沙量等化学物理参数的直接测量，通过数据整理，获得河流年、季、月、旬、日的流量过程，分析河床的冲淤过程，地表水与地下水的相互转化过程以及水温变化过程[20-22]。通过水文资料长系列分析，还可以计算出具有生态学意义的五种水文要素，即流量、频率、持续时间、出现时机和变化率。如上所述，水文过程是河流生态系统的主要驱动力，而这五种水文要素都对应着多种生态响应，是制定河流生态修复规划的重要依据。水文监测方法和数据处理方法应依据相关技术规范执行，见表3.1。

表3.1　水文监测技术规范或标准

技术规范与标准	编　号	实施日期
《水文调查规范》	SL 196—2015	2015-05-05
《河湖生态需水评估导则（试行）》	SL/Z 479—2010	2011-01-11
《河湖生态环境需水计算规范》	SL/Z 712—2014	2015-03-05
《水位观测标准》	GB/T 50138—2010	2010-12-01
《降水量观测规范》	SL 21—2015	2015-12-21
《水运工程水文观测规范》	JTS 132—2015	2016-01-01

2. 水质要素监测

制定水体监测方案，首先应明确监测目的，确定监测对象、设计监测位点，合理安排采样时间和频率，选定采样方法和分析测定技术，提出监测报告要求，制定质量保证程序、措施和方案的实施计划等。我国目前已经颁布了一系列的水质监测技术规范与标准（表3.2），各监测技术规范规定了监测布点与采样、监测项目与相应监测分析方法、监测数据的处理与上报、质量保证、资料整编等内容。

表3.2　　水质监测技术规范与标准

技术规范与标准	编　号	实施日期
《水环境监测规范》	SL 219—2013	2014-03-16
《地表水环境质量标准》	GB 3838—2015	2015-06-01
《地表水和污水监测技术规范》	HJ/T 91—2002	2003-01-01
《水质采样技术指导》	HJ 494—2009	2009-11-01
《水质采样技术规程》	SL 187—1996	1997-05-01

所选的监测断面在总体上能反映工程所在区域的水环境质量状况。监测断面的设置数据，应根据需要，在考虑对污染物时空分布和变化规律的了解、优化的基础上，以最少的断面、垂线和测点取得代表性最好的监测数据，同时还须考虑实际采样时的可行性和方便性。为使采集的水样具有代表性，能够反映水质在时间和空间上的变化规律，必须确定合理的采样时间和采样频率，力求以最低的采样频次，取得最有时间代表性的样品。

采样前，要根据监测项目的性质和采样方法的要求，选择适宜材质的盛水容器和采样器，并清洗干净。对采样器材质的要求：化学性能稳定，大小和形状适宜，不会吸附待测组分，容易清洗并可反复使用。

地表水水样采样时，通常采集瞬时水样；有重要支流的河段，有时需要采集综合水样或平均比例混合水样。采集表层水水样时，可用适当的容器，如聚乙烯塑料桶等直接采集。采集深层水水样时，可用简易采水器、深层采水器、采水泵、自动采水器等。采集沉积物样品一般采用手工或绞盘式挖泥船。设备尽可能少地扰乱底部，并完全接近底部。

样品采集后，有的监测项目要求在现场测定，如DO、温度、电导率、pH值等。但大多数监测项目需在实验室内进行。样品采集后，必须尽快送回实验室进行分析。根据采样点的地理位置和测定项目的最长可保存时间，选用适当的运输方式，并对水样进行妥善保存。目前，常用的样品保存措施包括冷藏或冷冻保存法、加入化学试剂保存法（如加入生物抑制剂、调节pH值、加入氧化剂或还原剂、过滤和离心分离）。贮存水样的容器要选择性能稳定、杂质含量低的容器，如石英、聚乙烯等。

3. 河流地貌监测

地貌特征监测的内容包括横断面多样性、宽深比、河流平面形态、蜿蜒型特征（曲率半径、中心角、河湾跨度、幅度、弯曲系数）、河道坡降、河床材料组成、河漫滩湿地、深潭浅滩序列、岸坡稳定性、边滩、回水区、牛轭湖、遮蔽物等局部地貌特征，以及输沙量、含沙量、颗粒级配等泥沙特性[23-26]。河流地貌及泥沙监测应依据相关技术规范与标准进行（表3.3）。

表3.3　河流地貌监测技术规范与标准

技术规范与标准	编　号	实施日期
《水道观测规范》	SL 257—2000	2000-12-30
《河道演变勘测调查规范》	SL 383—2007	2007-10-14
《水库水文泥沙观测规范》	SL 339—2006	2006-07-01
《航道整治工程技术规范》	JTJ 312—2003	2004-04-01
《水运工程测量规范》	JTJ 131—2012	2013-01-01
《河流推移质泥沙及床沙测验规程》	SL 43—1992	1992-09-01

在河流设置永久断面，对河流平面形态、纵断面、平滩宽度、宽深比、岸坡坡降以及底质材料组成等进行测量和记录[27]。岸坡坡度和形状是岸坡防护效果的可测量属性，横断面测量可为其提供翔实的数据。与之相似，植物存活情况是植被覆盖情况的可测量属性，可用植物茎和叶的数目来表示。

监测频率指在监测年份内进行监测的次数和进行监测的时段。监测频率的确定应基于特性洪水事件的发生频率和鱼类的生命周期，并在一定时间内具有系统性。例如，对于栖息地的监测应与物种产卵期紧密联系，而对于岸坡防护工程和河流内栖息地加强结构的监测应与水文序列相一致[28]。监测时间和频率并不是一成不变的，应当根据实际条件不断做出调整。如对于岸坡侵蚀变化相对严重的部位，应在每次洪水发生后均进行监测。河床底质的组成与河道糙率密切相关，对流速、水深等水力特性有很大影响。同时，河床底质为诸多鱼类提供了生存所需的微环境，因为不少鱼类需在特定的底质进行产卵，以使卵黏附在底质的表面。一般采用统计分析方法研究河床底质粒径大小的分布情况，采用级配曲线及其统计特征值进行描述。

4. 水生生物监测

生物监测的内容包括植被覆盖比例、物种组成和密度、生物群落多样性、生长速率、生物生产量、龄级/种类分布、濒危物种风险、病害情况等。对生物群落组成进行监测时，包括浮游植物、浮游动物、底栖动物、两栖动物、水生维管束植物和鱼群种类与数量，并应测定水生生物现存量，包括浮游植物、浮游动物和底栖动物的生物量[29-30]。

除对水体内的生物特性进行监测外，还应对滨河带生物进行监测，包括植被种类、疏密程度、对水面的遮蔽情况、滩地植被种类等。对有洄游鱼类的河段，应在洄游期进行连续监测。同时，应调查岸坡、滩地等处动物群落的分布状况、活动规律等情况[31-32]。

对于生物监测而言，生物采样点布设与物理化学采样地点布设不完全一致。生物调查采样不设采样断面，只设采样垂线。在一条采样垂线上，视采集生物种类及其分布状况和测定项目，可设一个至数个采样点。鱼类活动范围大，不宜设置采样垂线。可在水质站范围内，按鱼类食性进行采集。尽管鱼类有底层鱼和表层鱼之分，但这多指鱼类觅食和栖息而言，并不意味着它不到其他水层活动。

不同生物物种的监测频率不同，表 3.4 列出了欧洲通常采用的水生生物监测频率。

表 3.4　　　　典型水生生物监测频率

典型水生生物	监 测 参 数	监 测 频 率
典型鱼类	多样性、优势种	丰水期、枯水期各 2 次
大型底栖动物	多样性、功能类群	每季度 1～2 次
浮游生物	多样性	每季度 1～2 次
水生植物	多样性、优势种	每季度 1～2 次

生物监测数据整理、分析的常用方法有比较法、作图法、特征值统计法以及数学模型等。传统的作图法和特征值统计方法仍是主要实用方法。数学模型主要有三类：统计性数学模型、确定性模型及一些新型统计方法（时间序列分析、灰色系统理论、模糊数学方法、小波变换、分形分析等）。现有的一些统计分析软件可以帮助进行监测数据的整理分析，如 MATLAB、SPSS、SAS 等。

生物监测部分相关技术规范、标准参见表 3.5。国外生物监测相关技术标准、方法主要有美国环保署的《溪流及浅河快速生物评价方案——着生藻类、大型底栖动物及鱼类》（RBPs）及《深水型（不可涉水）河流生物评价方法》，欧盟标准《水质-深水中大型无脊椎生物的采样-群落法定性和定量采样器使用方法指南》（EN ISO 9391—1995），英国标准《水质-静水中浮游生物的抽样标准指南》（BS EN 15110—2006）等。

本章阐明了生态航道表征指标的选取原则，明确了主要指标的规范监测方法，并初步描述了生态航道表征指标的选取过程。由于构建内河生态航道评价指标体系需明确航道开发建设与河流生态保护之间的权衡关系，同时也需要重点关注内河航道开发建设对河流生态系统的扰动和胁迫作用，所选取的表征指标需具备明确的目的性、较强的代表性以及实际的可操作性。

表 3.5　水生生物监测技术规范与标准

技术规范与标准	编号	实施日期
《内陆水域浮游植物监测技术规程》	SL 733—2016	2016 - 04 - 05
《水质、湖泊和水库采样技术指导》	GB/T 14581—1993	1994 - 04 - 01
《淡水浮游生物调查技术规范》	SC/T 9402—2010	2011 - 02 - 01
《淡水生物资源调查技术规范》	DB43/T 432—2009	2009 - 02 - 10

参 考 文 献

[1] JONGE V N，SCHUTTELAARS H M，BEUSEKOM J E E，et al. The influence of channel deepening on estuarine turbidity levels and dynamics，as exemplified by the Ems estuary [J]. Estuarine，coastal and shelf science，2014 (139)：46 - 59.

[2] DONG J W，XIA X H，WANG M H，et al. Effect of water - sediment regulation of the Xiaolangdi Reservoir on the concentrations，bioavailability，and fluxes of PAHs in the middle and lower reaches of the Yellow River [J]. Journal of hydrology，2015 (527)：101 - 112.

[3] MARMIN S，DAUVIN J C，LESUEUR P. Collaborative approach for the management of harbour - dredged sediment in the Bay of Seine (France) [J]. Ocean and coastal management，2014 (102)：328 - 339.

[4] SAHU B K，PATI P，PANIGRAHY R C. Environmental conditions of Chilika Lake during pre and post hydrological intervention：an overview [J]. Journal of coastal conservation，2014 (18)：285 - 297.

[5] HONDORP D W，ROSEMAN E F，MANNY B A. An ecological basis for future fish habitat restoration efforts in the Huron - Erie Corridor [J]. Journal of Great Lakes research，2014 (40)：23 - 30.

[6] 齐迹，郭瑞鹃，尹慧敏，等. 库区航道岸坡生态系统监测研究 [J]. 中国农机化学报，2017 (38)：77 - 81.

[7] 刘杰. 长江口深水航道河床演变与航道回淤研究 [D]. 上海：华东师范大学，2008.

[8] 曹棉. 软体排在长江航道整治工程中的应用 [J]. 水运工程，2004 (9)：70 - 73.

[9] 吴春江，万迎春，吴中乔，等. 荆州航道工程水域有害元素分布及健康风险评价 [J]. 公共卫生与预防医学，2018 (29)：43 - 46.

[10] EAST A E，PESS G R，BOUNTRY J A，et al. Large - scale dam removal on the Elwha River，Washington，USA：River channel and floodplain geomorphic change [J]. Geomorphology，2015 (228)：765 - 786.

[11] 汤渭清. 航道硬质护岸生态修复技术应用研究 [J]. 中国水运，2014 (14)：150 - 151.

[12] 吴生才，胡化广，戴征凯，等. 混合型生态修复技术在内河航道岸坡防护中的应用 [J]. 水运工程，2011 (8)：106 - 110.

[13] HARVEY J, GOOSEFF M. River corridor science: hydrologic exchange and ecological consequences from bedforms to basins [J]. Water resources research, 2015 (51): 6893 - 6922.

[14] PEVERLY A A, O'SULLIVAN C, LIU L Y, et al. Chicago's sanitary and ship canal sediment: Polycyclic aromatic hydrocarbons, polychlorinated biphenyls, brominated flame retardants, and organophosphate esters [J]. Chemosphere, 2015 (134): 380 - 386.

[15] OZIOLOR E M, BIGORGNE E, AGUILAR L, et al. Evolved resistance to PCB - and PAH - induced cardiac teratogenesis, and reduced CYP1A activity in Gulf killifish (Fundulus grandis) populations from the Houston Ship Channel, Texas [J]. Aquatic toxicology, 2014 (150): 210 - 219.

[16] 王艳锋. 内河航道综合评价指标体系研究 [J]. 武汉交通职业学院学报, 2016 (18): 77 - 81.

[17] LIVINGSTON R J, NIU X F, LEWIS F G, et al. Freshwater input to a gulf estuary: long - term control of trophic organization [J]. Ecological applications, 1997 (7): 277 - 299.

[18] GRAY A, SIMENSTAD C A, BOTTOM D L, et al. Contrasting functional performance of juvenile salmon habitat in recovering wetlands of the Salmon River Estuary, Oregon, USA [J]. Restoration ecology, 2002 (10): 514 - 526.

[19] SZALAY F A, RESH V H. Factor influencing macroinvertebrate colonization of seasonal wetlands: responses to emergent plant cover [J]. Freshwater biology, 2000 (45): 295 - 308.

[20] THRUSH S F, HEWITT J E, CUMMINGS V J, et al. Muddy waters: elevating sediment input to coastal and estuarine habitats [J]. Frontiers in ecology and the environment, 2004 (2): 299 - 306.

[21] MANDAL S, HARKANTRA S N. Changes in the soft - bottom macrobenthic diversity and community structure from the ports of Mumbai, India [J]. Environmental monitoring and assessment, 2013 (185): 653 - 672.

[22] STURDIVANT S K, DIAZ R J, LLANSO R, et al. Relationship between hypoxia and macrobenthic production in Chesapeake Bay [J]. Estuaries and coasts, 2014 (37): 1219 - 1232.

[23] COLIN N, PORTE C, FERNANDES D, et al. Ecological relevance of biomarkers in monitoring studies of macro - invertebrates and fish in Mediterranean rivers [J]. Science of the total environment, 2016 (540): 307 - 323.

[24] WEBER A, GARCIA X F, WOLTER C. Habitat rehabilitation in urban waterways: the ecological potential of bank protection structures for benthic invertebrates [J]. Urabn ecosystem, 2017 (20): 759 - 773.

[25] READY R C, POE G L, BRUCE LAUBER T, et al. The potential impact of aquatic nuisance species on recreational fishing in the Great Lakes and Upper Mississippi and Ohio River Basins [J]. Journal of environment management, 2018 (206): 304 - 318.

[26] AKHURST D J, JONES G B, CLARK M, et al. Effects of fish and macrophytes on

phytoplankton and zooplankton community structure in a subtropical freshwater reservoir [J]. Limnologica, 2017 (62): 5 - 18.

[27] COLLAS F P L, BUIJSE A D, HEUVEL L, et al. Longitudinal training dams mitigate effects of shipping on environmental conditions and fish density in the littoral zones of the river Rhine [J]. Science of the total environment, 2018, 619 - 620: 1183 - 1193.

[28] MUELLER M, PANDER J, GEIST J. The ecological value of stream restoration measures: an evaluation on ecosystem and target species scales [J]. Ecological engineering, 2014 (62): 129 - 139.

[29] FELD C K, BELLO F, DOLEDEC S. Biodiversity of traits and species both show weak responses to hydromorphological alteration in lowland river macroinvertebrates [J]. Freshwater biology, 2014 (59): 233 - 248.

[30] BUSS D F, CARLISLE D M, CHON T S, et al. Stream biomonitoring using macroinvertebrates around the globe: a comparison of large - scale programs [J]. Environmental monitoring and assessment, 2015 (187): 152 - 163.

[31] CHEN K, HUGHES R M, XU S, et al. Evaluating performance of macroinvertebrate - based adjusted and unadjusted multi - metric indices (MMI) using multi - season and multi - year samples [J]. Ecological indicators, 2014 (36): 142 - 151.

[32] HUANG Q, GAO J F, CAI Y J, et al. Development and application of benthic macroinvertebrate - based multimetric indices for the assessment of streams and rivers in the Taihu Basin, China [J]. Ecological indicators, 2015 (48): 649 - 659.

第4章　内河生态航道评价指标标准研究

航道的通航需求与航道的生境质量是动态的、相互影响的关系，受到环境、经济、社会等多方因素影响。近年来，在生态文明建设的要求下，内河航道在保障高效通航、航运安全需求的同时，还要将航道工程范围内河流生态系统保护的工作放到首要位置[1-2]。生态航道建设在国内逐步被重视起来，因而探讨如何对内河生态航道展开科学的评价成为生态航道建设的关键研究内容。由于河湖系统的结构与功能在航道工程影响下呈动态变化趋势，河湖生态系统各组分对外界扰动的响应程度和各组分之间的相互作用规律也纷繁复杂[3-4]。因此，在开展内河航道生态健康状况评价之前，需基于内河航道的区域特征对待评价的航道进行合理的区段划分并分别进行生态健康评价[5-8]，能够较好地反映河湖系统功能特征的变化情况，易于辨识干扰航道生态健康的关键因素，也便于研究人员针对特定河段及航道整体进行评价指标选取和生态健康评价，为内河航道的管理和水资源的可持续利用提供有效的数据支撑。

内河生态航道健康评价是针对航道工程范围内的河流生态系统的评价，内河生态航道健康评价不仅要反映航道建设与整治工程后河流生态状况的优劣，还涉及河流对经济社会服务功能的评价[9-13]。因此，在明晰内河生态航道建设理论框架的基础上，要妥善选择表征河流生态健康状况的指标及表征内河航道服务功能的指标。内河生态航道健康评价指标一般包括生物指标、栖息地指标、社会服务功能指标等，需要对航道的通航状态、生态环境状况、社会功能等方面进行评价[14]。内河生态航道健康评价所选取的表征指标旨在使生态航道此种抽象的理论概念转变为具体的、可度量的评价指数，要能够将生态航道的特定属性或特征以数值方式进行表征，同时表征指标能够具体描述内河航道的生态健康状态与功能状况。另外，生态航道评价表征指标应具有易理解、通用性、易监测等特性，便于作为生态航道建设与管理的目标。

内河航道健康评价指标涉及航道运行、河流生态、社会经济功能等多个方面，在系统分析航道生境特征及其动态变化的基础上，内河生态航道的评价过程需要综合考虑多种尺度、类型的评价指标。综上可知，生态航道健康评价指标标准的确定是内河航道健康度评价的基础，很大程度上影响着生态航道评价的可行性与评价结果的适宜性。因此，本章在明确内河航道特性及生态航道内涵与需求的前提下，通过实验分析、专家咨询、勘察调研及资料查阅等方式明确内河生态航道评价指标，并分析内河航道评价指标的赋值特性，建立具有针对性的内河生态航道评价标准来细致评估内河航道的生态健康状况。

4.1　内河生态航道评价指标标准确定原则

由于内河航道生态健康问题具有复杂性和多变性，同时不同区域的河流健康评价存在特殊性，内河航道健康评价指标阈值的确定应结合不同的方法，分类进行分析比较。内河航道生态健康评价指标标准的具体确定遵循以下原则。

（1）航道生境状况评价标准的可持续性。内河航道生态健康具有时变性和区域性的特征，因此生态航道健康评价指标标准的建立需要根据评价目标的不同，考虑标准取值范围的区域性、时变性特征，不能简单地采用统一标准。例如河流生态需水指标标准需按照季节选取不同的标准；位于不同区域、等级的通航河道，评价指标标准需根据区域特征而确定。

（2）生态航道评价指标标准的预见性。要考虑社会经济可持续发展对生态航道建设的要求，如随着经济社会的进步，通航河道的防洪标准将可能得到进一步的提升。

（3）生态航道评价指标标准的可达性。内河生态航道指标的评价标准应该是通过生态航道建设工程和管理措施在未来发展过程中可以达到的，不是遥不可及的。

4.2　内河生态航道评价指标赋值依据

内河航道生态健康评价指标体系是开展生态航道评价的关键技术基础，生态航道评价应依据航道实地勘察数据、相关历史资料、文献、航道规划与管理政策等数据资源，围绕内河航道的自然特性与社会功能，以河流生态系统稳定与可持续利用为管理目标，对内河航道的形态结构、岸坡建设、生态系统状态、水资源开发利用、管理制度完善程度等进行评价。因此，在建立内河生态航道评价指标体系和确定评价方法的同时，应当明确评价指标的评估标准。生态航道评价指标要能够反映航道在其表征方面的具体状态，内河生态航道是指航道自然生态系统状况良好，航道同时具有高效的航运、景观文化等社会经济效益。基于之前研究的生态航道评价指标选取原则，以及评价指标标准确定原则，综合考虑内河航道的特征，本研究选取了水系连通性、航道安全设施完整性、通航水深保障率、生态岸坡建设率、水资源开发利用率等 18 个指标作为内河生态航道健康评价的指标体系（表4.1），并针对各评价指标的赋值标准进行相对应的研究。

表4.1　　内河生态航道评价指标计算标准

目标层	准则层	指标变量层	指标计算标准
内河生态航道健康指数	航道规划	水系连通性	纵向连通性＝闸、坝等障碍数目/航道长度
		航道安全设施完整性	《内河通航标准》（GB 50139—2014）
		通航水深保障率	《内河通航标准》（GB 50139—2014）
	航道建设	生态岸坡建设率	现场调查及澳大利亚河流状况指数方法
		水资源开发利用率	供水量或用水量/水资源总量×100%
		输沙用水量变化率	$W_c = 0.1 \times nS_t / \sum_i^n C_{ij}$
	航道水环境状况	水功能区水质达标率	实际调查情况及相关文献
		溶解氧含量	监测数据及《地表水环境质量标准》（GB 3838—2002）
		饮用水安全保障率	航道相关统计数据及水质公报
	航道生态状况	生物多样性水平	Shannon－Wiener多样性指数或生物完整性指数
		栖息地适宜度	相关文献
		生态流量保障率	相关文献
	航道运营	绿色船舶利用率	实际调查情况及其趋势
		航道利用率	航道运营部门统计数据
	航道监管	生态工程措施达标率	航道监管部门统计数据
		管理制度完善率	定性描述划分
	社会服务功能	景观多样性指数	相关文献
		航道文化代表性	定性描述划分或专家打分等

1. 水系连通性

航道工程范围内河道干支流、湖泊等水系的连通状况能够反映航道建设后河湖的连续性和河湖水系的连通程度。对于内河航道而言，影响其水系连通性的关键因素包括闸坝、航运梯级工程（挡、泄水建筑物，过船设施等工程措施）、航电枢纽工程等，闸坝等航道工程设施能够影响河湖系统的纵向连通产生阻隔效应，改变了河流自然水文节律[15]。导致区域水系互联互通程度显著降低，减弱了水系的流动性、连通性，降低了水资源调配的机动性，尤其会造成缺水地区的水资源供水矛盾凸显；河湖水系连通性受航道工程阻断，同时也会进一步减弱水体流动，干扰区域水循环过程，影响河流、湖泊的生态水量补给，降低水体的自净能力，导致河湖富营养化状态的恶化趋势，造成水体水质下降，从而影响水系中典型水生生物群落结构与多样性水平，如河湖水系中的鱼类、大型底栖动物等[16]。

内河航道的水系连通性评价指标主要考虑内河航道工程设施与构筑物对河湖水系自然连通状况的影响程度，此项指标能够反映内河航道建设对河流和湖泊自然生态系统、水系的水资源调配、水生生物定植过程的阻隔情况，主要依据航道工程范围内河湖中的闸坝、枢纽工程的修建情况，来评价航道工程建设对水系连通的阻隔状况。由于本书中的航道水系连通性指标主要表征闸坝等工程建设对河湖生态系统的影响，因此不考虑多个闸坝构筑物之间的协同效应，参考现有河湖水系连通性评价的相关研究与当前各省（自治区、直辖市）的河湖水系连通工程政策及实例，采用单因子评价方法，根据航道水系阻隔情况进行赋值，见表4.2。依据式（4.1）计算航道工程范围内水系纵向连通性。

表4.2 生态航道水系连通性赋值标准

生态航道连通性特征	赋值情况
无阻断	0.2
轻微阻断，航道能够正常运行	0.4
部分阻断，生态功能受损，航道能运行	0.6
严重阻断，生态系统显著破坏，航道无法正常运行	0.8
完全阻断，航道无法运行	1.0

$$S_{EW}=N_i/L_{EW} \tag{4.1}$$

式中：S_{EW} 为航道水系连通程度赋值情况；N_i 为评估航道内闸坝、枢纽工程等障碍工程数目；L_{EW} 为待评估内河航道长度。

2. 航道安全设施完整性

航道设施完整性的评价主要包括航道支持保障系统工程与航道防洪达标率，具体包括航道助航辅助设施与航行安全管理设施的完善程度，如海事搜救构筑物、搜救设备、搜救艇和巡逻艇等；航道安全设施主要包括航道防洪排涝工程的安全保障程度，内河航道兼具航运与河流的防洪排涝功能，航道整治工程要能够保障河道的安全泄洪能力，包括航道防洪工程与管理措施的完整性、航道防洪标准、过流能力、排洪能力等[17]，因此可将内河航道防洪指标选取为表征内河生态航道防洪能力的评价指标（表4.3）。对航道安全完整性指标进行赋值计算时，主要考察航道建设范围内航道支持保障工程完善率、规划防洪设施河段长度占航道总长度的比例进行赋值。同时，参考《内河通航标准》（GB 50139—2014)、《防洪标准》（GB 50201—2014)、《内河助航标志》（GB 5863—93)、《内河航道维护技术规范》（JTJ 287—2005)、河湖健康评估技术导则和相关研究文献确定该指标的赋值标准，具体见表4.4。

表4.3 生态航道安全设施完整性赋值标准

赋值情况	[0，1]	[1，2]	[2，3]	[3，4]	[4，5]
生态航道安全设施完整性	航道安全设施缺失	航道运行安全无法保障	航道安全设施不全，存在较大隐患	安全设施与管理部分不足，存在安全风险	航道安全较为全面，正常运行

表 4.4 各类生态航道指标评价标准

生态航道 评价指标标准	劣Ⅴ [0，1]	差Ⅳ [1，2]	中Ⅲ [2，3]	良Ⅱ [3，4]	优Ⅰ [4，5]
水系连通性/（数量/50km）	>1.0	≤0.8	≤0.6	≤0.4	≤0.2
航道安全设施完整性/%	<60	≥60	≥70	≥80	≥90
通航水深保障率/%	<75	≥80	≥85	≥90	≥95
生态岸坡建设率/%	<60	≥70	≥80	≥90	≥95
水资源开发利用率/%	≥55	<55	<45	<35	<25
输沙用水量变化率/%	>40	≤40	≤30	≤20	≤10
水功能区水质达标率/%	<60	≥60	≥70	≥80	≥90
溶解氧含量/（mg/L）	<4.0	≥4.0	≥6.0	≥8.0	≥9.0
饮用水安全保障率/%	<75	≥75	≥80	≥85	≥90
生物多样性水平/H	<0.1	≥0.1	≥0.2	≥0.3	≥0.4
栖息地适宜度	很差	较差	一般	较好	很好
生态流量保障率/%	<40	≥40	≥60	≥80	≥90
绿色船舶利用率/%	<50	≥50	≥60	≥70	≥80
航道利用率/%	<55	≥55	≥65	≥75	≥85
生态工程措施达标率/%	<60	≥60	≥70	≥80	≥90
管理制度完善率/%	<65	≥65	≥75	≥85	≥95
景观多样性指数	<0.5	≥0.5	≥1.0	≥1.5	≥2.0
航道文化代表性	很差	较差	一般	较好	很好

3. 通航水深保障率

通航水深保障率是评估航道建设与维护生产安全、确保航道内船舶运营安全的关键指标。由于不同载重量、不同类型的内河船舶其满载吃水值各不相同，近年来内河航道建设的趋势为强调通航水深，淡化航道等级，以保障内河船舶的通航安全[18-19]。内河生态航道的通航保障率采用航道水深大于最小通航保证水深的天数与全年规划通航天数的百分比进行赋值计算。在该指标实际赋值计算过程中，应参照《内河通航标准》（GB 50139—2014）关于内河航道等级与最小通航保证水深的数值范围，确定待评估内河航道的通航保证水深和赋值标准（表 4.4）。具体的计算过程如下：

$$S_{TH}=T_S/T_N\times100\% \tag{4.2}$$

式中：S_{TH} 为内河生态航道通航水深保障率；T_S 为待评估航道一年内通航水深大于最小通航保证水深的天数；T_N 为航道全年规划通航天数。

4. 生态岸坡建设率

内河生态航道建设过程中，针对航道岸坡的生态治理与修复是极为关键的部分。内河航道的生态岸坡建设是在满足航道通航和保障河道防洪、岸坡稳定性等功能的基础上，以缓解或避免航道整治对河流生态环境的胁迫作用，结合工程措施与生态修复技术等方法，改变传统航道的护岸建设在护岸结构和工程选材方面优先保证航道断面渠化、减小河道水力糙率的理念[20]。生态护岸在保障内河航道防洪固岸功能的前提下，采用以生态结构型式、环保护岸型材、植被配置格局、生态施工措施等技术方法改善航道的水质与生物多样性水平[21]。因此，生态岸坡建设率是指内河航道生态岸坡建设长度与航道长度的百分比，能够反映内河航道的安全性、生态性、景观性等特点，依据《航道整治工程技术规范》（JTJ 312—2003）和相关研究文献确定生态岸坡建设率的赋值与评价标准，具体见表4.4。

5. 水资源开发利用率

内河航道的水资源开发利用率是指流域或区域用水量占水资源总量的比率，体现的是航道建设工程对区域水资源开发利用的程度。航道水资源开发利用率指标能够反映航道建设与运行对航道范围内水量的影响程度，能够表征航运发展与河流生态环境之间的相关关系。本书依据《水资源规划规范》（GB/T 51051—2014）等相关技术标准对河流水资源总量和河流水资源开发利用量进行计算评估。内河航道工程对河流水资源的开发利用要根据航道区域特征确定水资源开发利用的合理程度，坚持将生态文明理念融入内河航道工程建设，使得绿色发展的航道基础设施不断夯实，重视航运在水资源开发利用过程中减少对生态环境的影响。内河航道供水、航运、防洪等功能的整体提升需要对河流水资源进行科学合理的开发利用，目前国际上关于河流水资源开发利用的研究认为河流水资源开发利用率的最优范围应当处于30%～40%，然而当河流水资源开发利用率超过60%时，将会显著影响河流生态系统的服务功能[22-24]。因此，内河生态航道的水资源开发利用率指标计算过程如式（4.3）和式（4.4）。

$$W_R=\frac{W_U}{W_Z}\times 100\% \tag{4.3}$$

式中：W_R 为待评估内河航道工程范围内河段的水资源开发利用率；W_U 为航道的水资源开发利用量；W_Z 为待评估航道的水资源总量。

$$S_{WR}=mW_R^2+nW_R \tag{4.4}$$

式中：S_{WR} 为内河生态航道水资源开发利用率取值情况，为二元函数模型，能较好地表征航道开发建设与河流水资源量之间的矛盾关系，适宜的航道建设能够提高水资源利用率，过度开发则会凸显河流供水量与水资源量之间的矛盾关系。m、n 为计算系数，需根据航道等级、供用水量等进行率定。

6. 输沙用水量变化率

内河航道建设和整治过程中，闸坝、桥梁等构筑物的布设会改变河流自然的连通性与河槽的自然特征，同时河道的来水量也会发生显著变化，河道的排洪和输沙能力也会相应降低，河道输沙用水量降低会引起河槽淤积的加剧和河流系统功能的丧失，甚至导致河道发生径流减少和功能性断流情况，对航道防洪安全产生不利影响[25]。内河生态航道输沙用水量变化率是指航道工程建设与整治工程完成后，航道输沙排沙和维持冲淤动态平衡所需的生态环境用水量的变化趋势，计算公式如下：

$$W_c = 0.1 \times nS_t \Big/ \sum_{i}^{n} C_{ij} \tag{4.5}$$

式中：W_c 为内河生态航道的输沙用水量变化率；S_t 为航道多年平均输沙量/m^3；C_{ij} 为第 i 年 j 月的月平均含沙量/m^3；n 为统计年数。航道输沙用水不仅会直接影响河流泥沙输移过程，同时还会影响航槽变化过程与航道内污染物的迁移转化过程。因此，在进行内河生态航道输沙用水量变化率赋值标准的研究中，还需要借鉴航道所处区域内河流输沙需水量相关文献与其区域性特征，综合考虑待评估内河航道的水资源利用率、河床地貌形态、泄洪过程等因素，确定该指标的评价标准[26]，本书中此项指标的评价标准见表 4.4。

7. 水功能区水质达标率

内河航道的等级建设与整治工程是为满足人类对水资源开发、利用的需求，但由于绿色航运体系建设的滞后，针对内河航运污染的监管和治理能力都明显不足。水功能区是国务院正式颁布实施的水管理单元，水既有生态属性也具有功能属性，基于以水功能区制定科学的水量、水质与水生态标准，以此标准进行现状评价具有一定的现实性。我国内河航道水环境问题的主要因素包括船舶溢油污染、生活垃圾倾倒、沿线污水排放等，而航道通常蜿蜒曲折跨区域分布，地区间航道的用水、环保工作需要基于水功能区水质达标率进行统筹评估，同时航道流经包括饮用水源区、工业用水区、农业用水区、渔业用水区、景观娱乐用水区、过渡区和排污控制区等二级水功能区，基于水功能区水质达标率能够评价各功能区水质现状，并能够针对功能区水质问题提出相应管理措施[27]。

因此，采用水功能区水质达标率评价内河航道水质状况，能够充分地反映出内河航道整治工程后河道水质情况。2011 年，依据水利部、发展改革委、环保部拟定的《全国重要江河湖泊水功能区划（2011—2030 年）》《水功能区管理办法》及《中华人民共和国水法》等法律法规的要求，采用水功能区水质达标率作为评价内河生态航道的关键指标之一，也对内河航运水环境治理有重要意义。依据全国重要江河湖泊水功能区划的要求，将评估年内水功能区水质状况达标次数占评估次数比率大于或等于 80%的水功能区确定为水质达标水功能区，功能区整体达标率达到80%即为合格，通过总体评估航道达标水功能区数量占其区划总数目的比例即评估内河航道水功能区水质达标率，所以当此项评价指标取值大于等于80%时，内河航道水体的水质良好，水功能区达标率赋值达到100%时，航道范围内各功能区河段水质最优。结合《地表水环境质量标准》(GB 3838—2015)、《地表水资源质量评价技术规程》(SL 395—2007) 等技术规范，航道水功能区水质达标率赋值计算过程如下：

$$S_{SZ}=\frac{S_K}{N}\times 100\% \tag{4.6}$$

式中：S_{SZ} 为内河航道水功能区水质达标率；S_K 为评估航道内河段水质符合水功能区水质标准的水功能区数量；N 为评估航道内水功能区总数。

8. 溶解氧含量

溶解氧含量指标指的是溶解于内河航道水体中的溶解氧，以分子形态存在于航道水体中，以DO表示。溶解氧是评估河流水体污染程度和评断河流自净能力的重要指标，也是河流中水生生物生存的必要条件。航道整治和航道疏浚工程能够维护航道水深状况，也能够有效辩析航槽内的泥沙与杂物。但是，内河航道整治、疏浚工程会对河流水环境产生较大负面影响，在工程实施过程中搅动航道内河床底质并造成泥沙悬扬情况，使得底泥中的磷化物、氨等物质不断大量释放，航道水体中的藻类、浮游生物等呈大量增殖趋势，河流水体中的溶解氧将被大量消耗，引起水体富营养化，导致航道水环境急剧恶化[3,28]。

结合之前对樟江航道水体中溶解氧量的监测研究与《地表水环境质量标准》(GB 3838—2015) 等规范标准，适宜内河航道水体中鱼类、大型底栖动物等水生生物定植过程的溶解氧量阈值范围为5～10mg/L，具体赋值情况见表4.4。

9. 饮用水安全保障率

内河航道的饮用水安全保障率指航道范围内的河流型水源地的水质达到相应水功能区域要求的水质标准，航道饮用水安全保障率能够说明航道范围内河流饮水水源功能良好，能够切实保障沿线居民饮用水质量。依据《全国重要饮用水水源地安全保障评估指南》《地表水环境质量标准》(GB 3838—2015) 中的相关规定，航道内水源地的饮用水水质应当符合国家标准规定的Ⅲ类水质标准。因此，本书涉及的内河生态航道评价采用饮用水安全保障率作为主要评价指标来衡量内河航道水质状况，此项指标可由内河航道中满足Ⅲ类水质标准的航道长度占评价航道总长的比例计算，也可通过评估年内河航道河段内Ⅲ类水质达标天数计算。本书综合考虑指标监测的便利性和可获得性等因素，采用评估年内河航道河段内Ⅲ类水质达标次数计算。具体计算公式如下：

$$S_{YS}=\frac{S_Y}{N}\times 100\% \tag{4.7}$$

式中：S_{YS} 为评估内河航道的饮用水安全保障率；S_Y 为评估年内内河航道河段内水质达标次数；N 为监测内河航道水质状况的总次数。

10. 生物多样性水平

内河航道的生物多样性水平指标主要指航道水体中水生生物的多样性，此项指标基于定量计算结果，进而定性评价内河航道的生物多样性水平。维系航道生物多样性是推动生态航道建设的需要，能够有效评价航道水生态状况和水环境质量，对促进航道生态系统可持续发展具有十分重要的指导意义。一般地，内河航道建设工程的实施会改变河床形态和水质情况，显著影响水生生物的栖息地质量，进而降低河流生态系统的多样性水平，因此内河航道的生物多样性指标主要考虑航道内底栖动物、浮游植物、典型鱼类的群落结构与多样性情况[29]。

底栖动物是全部或大部分时间生活在水体底部的水生动物类群，是河流生态系统的重要组成部分，一般将不能通过 0.5mm（40 目）孔径筛网的个体称为大型底栖动物，主要包括水生寡毛类、软体动物和水生昆虫幼虫等，大型底栖动物是河流生态系统食物链的重要环节，对湿地系统内能量、物质的转移有重要作用。同时由于大型底栖动物长期生活在水体底部，迁移能力较弱，因此能准确反映航道区域内水文与水质状况，因此大型底栖动物样是监测污染、评价水体生态健康的关键监测指标。

浮游植物是指在水体中浮游生存的微小植物，通常浮游植物就是指浮游藻类，是鱼类和其他经济动物的饵料基础，在维系河流生态系统稳定上具有重要作用。在自然河流系统中，浮游藻类群落结构与多样性是相对稳定的。当内河航道整治工程施工后，河道水质受到各类污染因素影响，群落中不耐污染的敏感种类通常会减少或消失，而耐污种类的个体数量则明显增加。随着航道水体的污染程度不同，河道中一种或某种浮游植物爆发性繁殖或高度聚集（例如水华现象等），干扰河流生态系统中的物质循环和能量流动，导致内河航道水质的恶化，直接威胁内河航道水生生物的定植过程。同时，由于在不同的航道建设阶段或不同污染程度的河段，水体中藻类群落结构与栖息密度也不同，因此浮游植物的多样性水平能够有效评价内河航道的生态健康状况。

内河航道工程是对自然河流系统的系统性人为改造，航道的生物多样性同样需要考虑自然河流中珍稀水生生物、区域特有水生生物物种群落结构和多样性状况。其主要是保证珍稀水生动物能在河流中生存繁衍，并保持高于影响生存的最低种群数量以上，反映珍稀水生动物的保护程度，例如长江绿色航道建设中需要重点保护多种珍稀水生动物，具体包括白鳍豚、江豚、胭脂鱼等，均为国家一级或二级保护水生生物。由于此项指标监测难度较大，需要对特种珍稀水生生物（如长江航道的中华鲟等）进行针对性保护，可以在同时具备相应条件的航道区域对此项指标进行监测、评价，同时珍稀水生生物多样性监测需要考虑采用声学标志、无线电标志、射频声学标签等高科技数字化监测技术对其种群数量等数据进行统计监测，次之也可采取高密度随机捕捞等方式，通过其出现的频率对其种群数量进行评价。

生物多样性水平是评价内河航道生态系统健康的重要评价指标。航道工程范围内河流生态系统中的物种多样性是指航道中典型水生生物种类的生物多样性，它通常由通航河段内的物种数量、分布特征来表征。物种多样性表征的是均匀生境内群落内部物种之间通过竞争、协作而产生的群落结构特征。内河航道水生生物基本都设置于同一河道的均匀生境内，可以采用物种多样性指数来表征河流生物多样性水平。由于此项指标不易统一划定评分标准，因此需要依据水生生物栖息密度、物种数量变化状况等方面的同历史、同期数据或与同区域自然河段生物状况比较等方式，进而确定航道生物多样性的评价标准。该项评价指标可作为内河航道生物状况定性评价的数据支撑，生物多样性水平的定性评价可划分为优、良、中、差、劣五类（评价标准见表4.4）。

因此，Shannon - Wiener 指数的更适宜内河航道内生物多样性的评价，Shannon - Wiener 多样性指数（H）计算过程如下：

$$H = -\sum[n_i/N\ln(n_i/N)] \tag{4.8}$$

式中：N 为采集样品中所有大型底栖动物种类的总个体数量；n_i 为样品中第 i 种底栖动物的个体数量。

11. 栖息地适宜度

内河生态航道中的栖息地适宜度指标指的是航道的生境条件对于航道范围内生物定植过程的适宜程度。目前，国内广泛开展等级航道的建设与内河航道整治工程，各类航道工程的实施在提升航运效能、改善通航条件等方面成果显著，同时也改变了航道周边水域的生态环境，栖息地生境质量下降直接影响到流域生态的群落结构。栖息地适宜度指数（Habitat Suitable Index，HSI）是以[0，1] 范围内的数值表征栖息地与航道水域内生物的适宜度，能够较好地反映航道生境变化对生态因子的影响[30]。丁坝、潜水坝等典型航道整治构筑物具有拦水减沙的作用，能够显著改变内河航道的流速及水深等环境因子，引起该区域内生物栖息环境的改变[31]。因此，HSI 指数对于航道工程对生境影响的评估中是十分有效的，通过现场调研选取航道区域内典型水生生物（如区域典型鱼类、大型底栖动物、浮游植物等）作为生态航道栖息地适宜度评价对象，借助物理栖息地模拟模型（Physical Habitat Simulation Model，PHABSIM）、水生栖息地模拟模型（Aquatic Habitat Simulation Models，AHSMs）、CASiMiR 模型等生物栖息地评价模拟方法[32]，结合现场监测航道栖息地环境因子（如水力特性、水质情况、水温、地形、底泥结构等）与查阅相关文献资料的方式，确定内河航道栖息地适宜度指数。通过定量分析获得内河航道栖息地适宜度指数，明确水文形态、水质营养条件对底栖动物的影响机制，确定适宜目标水生生物生活的栖息地条件，并依此对航道整治工程措施进行优化，从而增加内河航道栖息地多样性和生物多样性。在生态航道评价过程中，可以与区域内自然河流栖息地适宜度进行比较，将栖息地适宜度指标标准定性分类为很好、较好、一般、较差、很差等类别，便于进行内河生态航道健康程度评价。

12. 生态流量保障率

生态流量保障率指标是指内河航道在一定时间范围内，河道生态流量能够满足河流内生态需水量的比率。此项指标能够表征河流生态环境与航道正常运行的需水保障情况，因此生态流量保障率是内河生态航道评价的关键指标。当前国际上对河流生态需水计算方式研究比较成熟，常用的河流生态需水计算方法包括蒙大拿法（即 Tennant 法）、流量历时曲线法、湿周法等，根据航道整治工程影响下河流生态环境的变化特征[33]，本书采用蒙大拿法计算内河航道的生态流量。依据《河湖生态需水评估导则》（SL/Z 479—2010）对评估航道的生态需水进行评估计算，在分析评估航道历史流量的基础上，选取河道天然径流量的 10%作为评估航道最小生态径流进行评价，然后依据逐月最小生态径流量占航道多年月平均流量的百分比进行计算，本书考虑到樟江航道所处区域的汛期、非汛期特征，内河航道生态流量保障率的具体特征分 4—10 月份和 11—次年 3 月份两段时间尺度进行分析，具体计算式表示为

$$W_{R1}=\min\left[\frac{Q_i}{Q}\right]_{i=10}^{i=4},\quad W_{R2}=\min\left[\frac{Q_i}{Q}\right]_{i=3}^{i=11} \tag{4.9}$$

$$S_{WR}=\min\left[W_{R1},W_{R2}\right] \tag{4.10}$$

式中：Q_i 为评估年航道的实测日径流量；Q 为待评估航道的多年平均径流量；W_{R1} 为待评估航道 4—10 月份的日径流量占河道多年平均径流量百分比的最小值；W_{R2} 为待评估航道 11—次年 3 月份的日径流量占河道多年平均径流量百分比的最小值；S_{WR} 为待评估航道的生态流量保障率的赋值。

依据《河湖生态需水评估导则》（SL/Z 479—2010）与相关文献资料确定内河航道生态流量保障率的评价标准，将 10%～5%的生态流量保障率定义为能够维系内河航道生态环境的最小流量，但在此流量条件下，河流滨河带几乎完全消失，水生生物栖息地严重退化；20%～40%时航道为一般状态、40%～60%时航道处于较好状态，60%～100%航道生境为最佳状况，河道栖息地能够较大程度上满足水生生物的生存过程。该指标的评价标准见表 4.4。

13. 绿色船舶利用率

绿色船舶利用率是指环境协调性、技术先进性和经济性的绿色船舶占航道内通航船舶总量的比率。当前内河通航船舶造成河流水体污染主要包括船舶溢油污染、生活垃圾污染、船舶化学品污染，随着内河航运的快速发展，内河船舶的污染加剧了河流水环境的恶化趋势，对于内河航道船舶的污染治理势在必行，亟须对内河船舶进行提质改造[34]。绿色船舶技术包含绿色材料、绿色设计、绿色制造、安全使用、船舶污染治理、绿色回收等方面，能够有效节约资源与能源。绿色船舶的广泛投入使用表明航运业产业结构优化升级，符合内河生态航道建设理念。依据《绿色船舶规范》（2015）及《内河通航标准》（GB 50139—2014）规定，内河航道绿色船舶要做船舶设计能效和船舶营运能效、环境保护要素（例如溢油污染、有毒液体物质污染、生活污水及灰水污染、垃圾污染、压载水有害水生物转移污染等）、工作环境要求（机舱自动化等级、振动与噪声等级控制）等方面实现环境协调性和经济合理性。参考相关文献与资料，绿色船舶利用率的评价标准见表 4.4。

14. 航道利用率

内河航道利用率指标指的是航道运营过程中，航道的实际运力占航道整体通过能力的比率。该指标表征船舶通航对航道利用程度，能够有效评价航道建设规模与布局、航运计划等的合理性。内河航道利用率主要由船舶科学调度、航线合理配船、船舶通航规划等因素决定，加之内河航道通航环境较为复杂，航线资源的优化配置与合理开发利用需要重点关注[35]。作为内河生态航道健康评价的关键指标之一，提高航道利用率能降低航道运行成本，达到节约资源的目的。参考相关研究文献确定内河航道利用率指标的评价标准，当此项指标大于 60%时，表明航道具备良好的运行状况及通航效率。

15. 生态工程措施达标率

生态工程措施达标率指的是内河航道建设与运行过程中，航道生态整治措施、生态治理措施（码头工程、护岸护滩工程、丁坝工程等工程措施的生态化建设）的占航道整治工程措施总量的比率。内河航道生态化整治工程措施应遵循“统筹兼顾、因地制宜、生态优先、整疏结合”的原则，在分析航道水沙特性及河床底质结构的基础上，完善航道整治规划和航道水环境保护措施，合理实施生态工程保障航道的栖息地生境质量。内河航道整治过程中的生态工程措施主要包括：①维持多样化的航道形态，在保障航道通航水深、等级规模的前提下，规范航道拓宽和裁弯取直工程措施，合理规划航槽、滩地、护岸的布局和功能；②建设自然型航道岸线，恢复航道岸线生态环境和景观，改善水生生物的栖息地条件；③航道建设过程中合理规划建设河滨湿地、水系景观、过鱼设施等；④整治工程中加强疏浚土等资源综合利用，使用生态环保材料，如在坝体、护岸、堤防工程采用环保混凝土等材料，如透水结构、生态鱼巢砖等新工艺、新材料、新技术；⑤高标准创建绿色码头，因地制宜制定老旧码头的升级改造方案，强化港口水污染防治工作，确保其具备充足的港口和船舶污染物接收设施建设，并能够与城市公共转运、处理设施有效衔接，在既有大型煤炭、矿石码头堆场货运港口建设防风抑尘等设施；⑥开展航道岸线景观建设，结合增殖放流等措施，优化航线景观布置[36-38]。参照《航道整治工程技术规范》(JTJ 312—2003)、《内河航道维护技术规范》(JTJ 287—2005)、《疏浚工程技术规范》(JTJ 319—1999) 及相关文献确定生态工程措施达标率的赋值、评价标准（表 4.4）。

16. 管理制度完善率

管理制度完善率指的是在内河航道建设与运行的全过程中管理制度的完备程度。航道管理制度的制定要能够覆盖航道规划、建设、整治、运行和维护等各过程，此项指标能够表示航道建设与运行的管理效率和航道安全保障程度，同时完善的航道管理制度能够提升航道通航效率、降低内河航道的养护成本[39-42]。具体地，内河航道管理制度完善率指标需要从以下四个方面进行定性评估：①正式将内河航道的生态保护和环境治理作为航道整治和管理的目标；②建立公众参与的内河航道管理机制，在航道规划设计时，必须广泛征求政府管理部门与航道沿线居民的意见；③将生态护岸、生态坝体、河畔林等生态工程措施作为航道管理设施列入航道管理规划的相应制度；④严格推行生态航道管理制度，制定破坏航道生态环境的惩罚制度；⑤因地制宜地制定生态航道技术标准，便于生态航道的运行管理与养护；⑥严格落实重大航道工程生态修复补偿措施。针对内河航道管理完善率指标的评价标准的研究，应依据《中华人民共和国内河交通安全管理条例》《内河航标管理办法》《内河航道维护技术规范》(JTJ 287—2005) 等内河航道规范及管理制度，参考航道管理相关文献与法规，定性描述内河航道管理制度完善率的评价标准。

17. 景观多样性指数

景观多样性指数指的是内河航道岸线区域的景观多样性水平。内河航道岸线的景观多样性指标能够反映航道岸线遭到航道建设工程占用和扰动状况，根据航道岸线不同区域的景观多样性水平能够明确岸线资源亟须开展修复治理的岸段范围，确定生态敏感岸段的空间分布状况，针对性地提出典型岸段的修复治理策略和管控方案，为航道岸线的可持续利用提供技术支持与政策建议[43-44]。内河航道的岸线资源包括自然岸线（航道工程未开发占用岸线）与人工岸线（航道工程开发利用岸线），其中自然岸线包含自然岸坡、渠道化岸线和轻度人为干扰岸线，人工岸线包含工矿场地岸线、港口码头岸线、城市岸线和其他人工岸线。内河航道岸线是河流水域与陆地系统的交互地带，是水体与陆地系统之间进行物质、信息、能量交换的生态过渡带，属于易受外界扰动的生态敏感区；河流岸线维持自然状态，能够维系河流地貌、水流状态的多样性，进而形成多样化的生物栖息地，有利于水生生物生存和河滨湿地的保护。维护内河航道岸线的景观多样性水平，对内河生态航道建设具有重大的生态意义[45-46]。同时，航道景观多样性指标也能够在一定程度上反映港口岸线的利用效率，体现岸线开发的规模化和集约化水平。本研究依据樟江航道岸线景观多样性特征，航道景观多样性指数大于0.8时岸线景观丰富度较好，结合相关文献资料确定此项指标的赋值标准，见表4.4。本研究采用香浓多样性景观指数，计算公式如下：

$$S_{JG}=-\sum_{i=1}^{n}(P_i\ln P_i) \tag{4.11}$$

式中：S_{JG}为内河航道景观多样性指数；P_i为航道岸线景观斑块类型i所占岸线景观类型的比率。

18. 航道文化代表性

航道文化代表性指标指的是内河航道在生态旅游、区域文化传播等社会服务功能方面的价值。航道文化代表性指标能够反映内河运输在促进区域文化传播、经济发展和社会进步等方面的关键作用，也是我国内河航道实现可持续开发利用的必然选择[47]。航道建设与整治工程能够显著改善内河航道基础设施水平和河段的通航能力，安全、快捷、经济的内河航运使航线区域丰富的旅游资源得到充分开发利用，对当地经济的发展有积极推动作用，符合航道区域内的经济发展需求。内河航道文化代表性指标主要包括航道与沿线风景名胜的衔接性、旅游设施配套服务建设水平、航道文化船舶标识等方面[48-49]。此项指标可定性表征内河生态航道的社会服务功能，由于此项指标不易统一划定评价标准，因此该指标的赋值标准应当结合当地航道沿线历史文化传承情况，采用问卷调查与专家打分方式综合比较，确定航道文化代表性的分级标准。进而将该指标的分级标准作为定性评价的依据，航道文化代表性也可划分为很差、较差、一般、较好、很好五种级别，最后即可定量评价内河生态航道的生态健康等级（表4.4）。

4.3　内河生态航道评价指标评价标准

结合之前生态航道评价指标赋值标准的研究，生态航道评价指标标准分级采用5级分值评分，划分为劣Ⅴ、差Ⅳ、中Ⅲ、良Ⅱ、优Ⅰ等5个等级，分别代表分值处于［0，1］、［1，2］、［2，3］、［3，4］、［4，5］范围内的评价指标。评价标准选取过程中，优先采取相关行业标准，参考与研究区域相似地区的标准与数据资料进行指标得分赋值；或采用现行国家或国际标准进行赋值。定性指标在赋值过程中需要结合经典文献、专家咨询等方法，减少主观判断引起的误差。各类生态航道指标评价标准见表4.4。

本章描述了生态航道评价指标标准的确定原则，分析了生态航道评价指标的赋值依据，并初步阐明了内河生态航道评价指标的评价标准。生态航道评价指标标准的形成过程是对各项评价指标进行理论分析、事实概括的过程，内河生态航道评价指标体系需要以统一的尺度或标准来衡量生态航道的生态健康状态，因此评价指标标准的合理性是生态航道评价科学、合理的必要条件。由于生态航道涉及多种不同特性的评价指标，本书通过现场调研、参考现有航道研究成果、数学模型计算、指标类比方法、趋势分析方法、问卷调查、专家咨询等方式，初步确定生态航道评价指标标准，为内河生态航道评价指标体系提供理论依据。

参 考 文 献

[1] KORFMACHER K S, AVILES K, CUMMINGS B J, et al. Health impact assessment of urban waterway decisions [J]. International journal of environmental research and public health, 2015 (12): 300-321.

[2] VIETZ G J, RUTHERFURD I D, FLETCHER T D, et al. Thinking outside the channel: challenges and opportunities for protection and restoration of stream morphology in urbanizing catchments [J]. Landscape and urban planning, 2016 (145): 34-44.

[3] 杨雪. 长江中段荆江航道整治工程对浮游生物和底栖动物群落的影响研究 [D]. 武汉：华中师范大学，2016.

[4] 崔树彬，王现方，邓家泉. 试论珠江水系的河流生态问题及对策 [J]. 水利发展研究，2005 (9): 7-11.

[5] MEISSNER A G N, CARR M K, PHILLIPS I D, et al. Using a geospatial model to relate fluvial geomorphology to macroinvertebrate habitat in a Prairie River [J]. Water, 2016, 8 (2): 42-51.

[6] 徐静波. 内河航道整治工程生态环境影响评价——以三峡库区抱龙河为例 [J]. 环境与发展，2018, 30 (6): 23-24.

[7] 佟馨，江福才，郭颜斌，等. 长江航道航行环境风险评价 [J]. 上海海事大学学报，2017, 38 (4): 32-36.

[8] SILVA R A, DE OLIVEIRA AFONSO A A, FRANCESCONY W, et al. Technical assessment and decision making for the environmental recovery of waterways and their banks: a science-based protocol [J]. International journal of environmental science and technology, 2018 (1): 1-8.

[9] GUT J A, CURRAN M C. Assessment of fish assemblages before dredging of the shipping channel near the mouth of the Savannah River in Coastal Georgia [J]. Estuar-

ies and coasts，2017（40）：251－267.

[10] WHITTOCK P A，PENDOLEY K L，LARSEN R，et al. Effects of a dredging operation on the movement and dive behaviour of marine turtles during breeding [J]. Biological conservation，2017（206）：190－200.

[11] 廖海龙. 基于生态保护的内河航道疏浚研究 [J]. 珠江水运，2018，11：48－49.

[12] DAUVIN J C. Twenty years of application of polychaete/amphipod ratios to assess diverse human pressures in estuarine and coastal marine environments：a review [J]. Ecological indicators，2018（95）：427－435.

[13] 赵文戬. 航道疏浚工程常见问题及治理措施 [J]. 中国水运，2016（12）：35－36.

[14] PALMA P，MATOS C，ALVARENGA P，et al. Ecological and ecotoxicological responses in the assessment of the ecological status of freshwater systems：a case－study of the temporary stream Brejo of Cagarrão（South of Portugal）[J]. Science of the total environment，2018（634）：394－406.

[15] TONKIN J D，HEINO J，ALTERMATT F. Metacommunities in river networks：the importance of network structure and connectivity on patterns and processes [J]. Freshwater biology，2018（63）：1－5.

[16] SCHMITT R J，BIZZI S，CASTELLETTI A. Tracking multiple sediment cascades at the river network scale identifies controls and emerging patterns of sediment connectivity [J]. Water resources research，2016（52）：3941－3965.

[17] BOARDMAN J，VANDAELE K. Effect of the spatial organization of land use on muddy flooding from cultivated catchments and recommendations for the adoption of control measures [J]. Earth surface processes and landforms，2016（41）：336－343.

[18] PAARLBERG A J，GUERRERO M，HUTHOFF F，et al. Optimizing dredge－and－dump activities for river navigability using a hydro－morphodynamic model [J]. Water，2015（7）：3943－3962.

[19] ZHANG S H，WU Y，JING Z，et al. Navigable flow condition simulation based on two－dimensional hydrodynamic parallel model [J]. Journal of hydrodynamics，2018（30）：632－641.

[20] WEBSTER A J，GROFFMAN P M，CADENASSO M L. Controls on denitrification potential in nitrate－rich waterways and riparian zones of an irrigated agricultural setting [J]. Ecological applications，2018（28）：1055－1067.

[21] 栾杰，韦雨. 生态护岸在航道整治工程中的应用 [J]. 工程建设与设计，2018（18）：121－122.

[22] LI Z H，DENG X Z，WU F，et al. Scenario analysis for water resources in response to land use change in the middle and upper reaches of the Heihe River Basin [J]. Sustainability，2015（7）：3086－3108.

[23] SU X L，LI J F，SINGH V P. Optimal allocation of agricultural water resources based on virtual water subdivision in Shiyang River Basin [J]. Water resources management，2014（28）：2243－2257.

[24] SUN S K，WANG Y B，LIU J，et al. Sustainability assessment of regional water resources under the DPSIR framework [J]. Journal of hydrology，2016（532）：

140 - 148.

[25] MEKONNEN M, KEESSTRA S D, STROOSNIJDER L, et al. Soil conservation through sediment trapping: a review [J]. Land degradation and development, 2015 (26): 544 - 556.

[26] CHARTERS F J, COCHRANE T A, O'SULLIVAN A D. Particle size distribution variance in untreated urban runoff and its implication on treatment selection [J]. Water research, 2015 (85): 337 - 345.

[27] DAVIS A M, PEARSON R G, BRODIE J E, et al. Review and conceptual models of agricultural impacts and water quality in waterways of the Great Barrier Reef catchment area [J]. Marine and freshwater research, 2016 (68): 1 - 19.

[28] MORRIS L, COLOMBO V, HASSELL K, et al. Municipal wastewater effluent licensing: a global perspective and recommendations for best practice [J]. Science of the total environment, 2017 (580): 1327 - 1339.

[29] VAN DER SLUIJS J P, AMARAL - ROGERS V, BELZUNCES L P, et al. Conclusions of the worldwide integrated assessment on the risks of neonicotinoids and fipronil to biodiversity and ecosystem functioning [J]. Environmental science and pollution research, 2015 (22): 148 - 154.

[30] ZHANG P, CAI L, YANG Z, et al. Evaluation of fish habitat suitability using a coupled ecohydraulic model: habitat model selection and prediction [J]. River research and applications, 2018 (34): 937 - 947.

[31] 吴瑞贤，陈嫣如，葛奕良. 丁坝对鱼类栖地的影响范围评估 [J]. 应用生态学报，2012，23 (4): 923 - 930.

[32] HERMAN M R, NEJADHASHEMI A P. A review of macroinvertebrate - and fish - based stream health indices [J]. Ecohydrology and hydrobiology, 2015 (15): 53 - 67.

[33] ACUNA V, CASELLAS M, CORCOLL N, et al. Increasing extent of periods of no flow in intermittent waterways promotes heterotrophy [J]. Freshwater biology, 2015 (60): 1810 - 1823.

[34] 蔡薇. 绿色船舶机理、指标体系、绿色度及船舶大气污染算法研究 [D]. 武汉：武汉理工大学，2004.

[35] 杨兴晏，胡世津，孙景龙. 长江口航道通过能力的评价与预测研究 [J]. 港工技术，2016，53 (2): 34 - 39.

[36] 顾丹平，卓家军. 长江航道整治工程生态环境保护措施分析 [J]. 环境与发展，2018 (30): 228 - 230.

[37] 孙永强. 内河大型航道整治工程施工期施工船舶安全措施探讨 [J]. 中国水运，2018 (18): 20 - 22.

[38] 马新风. 航道整治护岸工程施工技术及质量控制措施 [J]. 珠江水运，2018 (11): 60 - 61.

[39] ZHENG H, LI Y F, ROBINSON B E, et al. Using ecosystem service trade - offs to inform water conservation policies and management practices [J]. Frontiers in ecology and the environment, 2016 (14): 527 - 532.

[40] LAVOIE I, CAMPEAU S, ZUGIC - DRAKULIC N, et al. Using diatoms to monitor

stream biological integrity in Eastern Canada: an overview of 10 years of index development and ongoing challenges [J]. Science of the total environment, 2014 (475): 187-200.

[41] 刘艳红，黄硕琳，陈锦辉. 以生态系统为基础的国际河流流域的管理制度 [J]. 水产学报，2008 (1): 125-130.

[42] WERBELOFF L, BROWN R R, LOORBACH D. Pathways of system transformation: strategic agency to support regime change [J]. Environment science and policy, 2016 (66): 119-128.

[43] HARTIG J H, BENNION D. Historical loss and current rehabilitation of shoreline habitat along an Urban-Industrial River-Detroit River, Michigan, USA [J]. Sustainability, 2017, 9 (5): 828-830.

[44] 齐可仁. 河南省沙颍河岸线资源评价研究 [J]. 水利规划与设计，2018 (6): 66-69.

[45] WU Y F, DAI H L, WU J Y. Comparative study on influences of bank slope ecological revetments on water quality purification pretreating low-polluted waters [J]. Water, 2017, 9 (9): 636-646.

[46] JAFARNEJAD M, FRANCA M J, PFISTER M, et al. Time-based failure analysis of compressed riverbank riprap [J]. Journal of hydraulic research, 2017 (55): 224-235.

[47] 徐秀梅，桑凌志，李怡，等. 长江航道现代化指标体系研究 [J]. 水运工程，2016 (1): 15, 20.

[48] WESTERINK J, OPDAM P, VAN ROOIJ S, et al. Landscape services as boundary concept in landscape governance: building social capital in collaboration and adapting the landscape [J]. Land use policy, 2017 (60): 408-418.

[49] PALTA M, DU BRAY M V, STOTTS R, et al. Ecosystem services and disservices for a vulnerable population: findings from urban waterways and wetlands in an American desert city [J]. Human ecology, 2016 (44): 463-478.

第5章　内河生态航道评价指标体系构建

内河航运涉及的生态航道建设与现有的河流健康或河流生态修复的目标大体上是一致的。河流健康称之为河流生态健康，其概念来自生态系统健康，最早是由生态学家提出并给出其内涵特征，其核心思想是指生态系统处于良好状态，在健康状况下，生态系统不仅能保持化学、物理及生物完整性（指在不受人为干扰情况下，生态系统经生物进化和生物地理过程维持群落正常结构和功能的状态），还能维持其对人类社会提供的各种服务功能[1-5]。20 世纪 80 年代，在生态系统健康理念的引导下，欧洲和北美学者开始从生态角度看待河流，提出了河流健康的概念[6-8]。随着河流健康概念研究的深入，人们研究视角由河流健康的概念扩展到河流健康的指标、标准与研究方法等方面[9]。

目前应用于水安全评价、生态安全评价、环境评价等的评价方法较多，最常用的主要有单因子评价法和综合评价法[10-14]。在实际应用过程中，单因子评价方法与综合评价方法各有特点。单因子评价法最简单，直接将指标值同标准值进行比较得出评价结果，具有操作简便的优点，适用于精度要求不高、评价指标简单的评价过程。基于单一要素的河段评价较多以生物群落或物理生境的评估为中心。生物群落尤以大型无脊椎动物为基础的预测模型评估较为完善，英国的“河流无脊椎动物预测和分类系统”（River Invertebrate Prediction and Classification System，RIVPACS）以及“澳大利亚河流评价计划”（Australian River Assessment System，AUSRIVAS）等都是在监测河流大型无脊椎动物生物多样性及其功能基础上构建的河流健康状况评价模型[15-19]。此外，Karr 于 1981 年提出了由河流鱼类的物种丰富度、指示种类别、营养类型、种群数量等 12 项指标构成的生物完整性指数（Index of Biological Integrity，IBI），也是当前广泛使用的河流健康评价方法之一[20-22]。

当前有研究结合区域内航道建设现状及面临的问题，初步阐述了航道生态设计理念，并提出了生态航道评价因子和评价方法，但仍未形成内河生态航道评价指标体系。现有研究多采用多指标法进行内河航道工程范围内河流生态健康状况的评价，国内关于内河航道生态健康评价的研究仍处于起步阶段，缺少系统性构建指标体系以及关于生态航道评价度量标准的研究[23]。上述有关河流健康评价的指标体系可以作为本书生态航道指标体系的理论依据，但生态航道健康评价的研究应明确识别施加于河流生态系统压力主体的区别，同时也应严格界定航道建设与航道运营维护两个不同阶段的指标特征。

基于现有有关生态航道评价指标体系的研究，本章对生态航道建设评价进行了积极的探索，同时也有助于对生态航道新概念的认识与理解，既包含对航道规划设计、建设阶段所提出的评价，也基本涵盖了航道运行维护、航道管理阶段的指标特征，所提指标在方法思路和社会适宜性上的提法可供参考借鉴。但随着对生态航道内涵理解的不断深入，以及不同航道开发阶段（未建航道、在建航道和已建航道）目标要求的差异，所提指标的系统性、完整性还有待补充和完善。相比河流健康而言，目前关于生态航道指标体系方面的工作还有很长的路要走，并且随着生态航道建设的不断推进，建立一套科学、完整、客观的指标体系更显迫切。特别是针对本项目建成航道的生态化运营、养护和管理要求所应参照的指标体系，对于航道管理方而言具有较大的实用价值和操作价值。

生态航道评价是对航道建设的生态影响进行定量描述，科学计算出航道生态化维护管理后航道生态状况的提升程度，从而使生态航道管理更加合理有效。因此，有目的地对生态航道进行评估是十分必要的。然而，生态航道评价工作需要较完备的历史资料和实测资料，航道评价模型的构建需要从业人员具备较强的专业素质，建议航道管理部门定期委托相关研究单位开展生态航道评价工作。因此，本章在内河生态航道评价表征指标选取原则的基础上，对内河航道及外部影响因素进行分析，构建内河生态航道评价指标体系，并初步阐述了各评价指标的指示内容及评价标准；同时针对内河航道评价过程中各类型数据资料的可获取性，采用层次分析法明确各评价指标权重，避免评价指标权重确定的随机性，使评价指标的权重计算结果能够表征航道生态健康状况。

5.1　内河生态航道评价指标体系构建原则

生态航道评价指标体系是进行生态航道建设评价的重要技术支撑。生态航道评价指标是能反映内河航道在建设、运行、监管过程中某个方面的具体状况的指标体系。内河生态航道评估体系基于现状调查、历史资料，依据河流自然、社会二元属性，以河流生态环境系统稳定及可持续开发利用为最终管理目标，是针对内河航道水资源状况、水环境状态、水生态情况、航道形态结构、河滨带生境质量的评估。国家、行业和地方标准能够为航道指标提供坚实的理论基础，也能够针对内河航道现实情况，为航道水资源、水环境、水生态状况等方面表征指标的量化提供参考。生态航道评价主要关注航道工程建设措施与航道建设构筑物对河流生态系统的影响程度，考虑到河流生态系统状况的时空性特征，需要借鉴目前已有的河流生态健康研究成果，对处于不同建设阶段内的航道生态系统健康状况进行针对性地评价。

科学的评价指标体系是综合评价的重要前提，只有科学的评价指标体系，才有可能得出科学的综合评价结论，在构建生态航道评价体系框架时，初选的评价指标可以尽可能全面。由于内河生态航道评价涉及的影响因素众多，需要结合现有研究资料进行类比研究，针对内河航道生态系统状况进行实地调查研究，有利于明确内河生态航道评价的相关评价指标的量化。内河生态航道生态与环境的表征指标系统涉及航道区域内的地质环境、气候、水文、土壤、生物、经济社会、自然灾害等各个方面，每个方面都有若干评价指标，指标体系非常庞大。同时尽管大多数指标是可以量化的，但也有一些重要指标尚难以量化，并且过多的指标也会相互干扰，使指标体系难以应用。在实际工作中需要对初选的评价指标体系进行优化筛选，在指标体系优化的时候则需要考虑指标体系的全面性、科学性、层次性、可操作性、目的性等，选择科学的方法，适当地确定指标的权重，最后根据权重的大小对指标进行筛选。在此基础上，基于合理的内河生态航道评估方法，明确内河生态航道评估标准，能够构建较为全面的、有效的内河生态航道评估指标体系。

立足我国水运发展实际和水运“十三五”发展规划，借鉴国内外先进经验，坚持航运开发与河流生态系统保护相协调，实现航道建设可持续发展的目标主线，构建内河生态航道评价指标体系，科学、完整地评判航道开发建设对河流生态系统的干扰和胁迫程度，为实现航道可持续开发建设，为更好地保护河流生态系统提供指导和依据。

生态航道评价指标体系构建基于航道开发建设与河流生态保护对立统一关系的认识，围绕航道开发建设的航道运营、维护和管理措施对河流生态系统的干扰和胁迫，将航道安全、航道生态、航道水环境、航道监管、航道景观对河流生态系统的影响分为水文、水质、地貌和生物等多个方面进行指标描述，各指标的确定应结合不同的方法，进行分析比较。生态航道评价指标标准的具体确定需遵循以下原则。

（1）确定性。生态航道评价首先要建立一套指标体系，该指标体系能反映航道建设对河流生态系统结构和功能的影响，通过对诸多指标的有效控制，能取得航道建设与河流生态保护之间的平衡，实现航道开发建设的可持续发展。生态航道评价不同于现行的建设项目环境影响评价，其本质上是就航道建设对河流生态系统结构完整性和功能稳定性所进行的综合性评判。

（2）现实性。河流生态系统是包含生命系统（生物）和生命支持系统（生境）之间动态、非平衡和非线性耦合作用关系的复杂结构。航道建设包括航道规划设计、航道施工、航道运营、航道养护和航道管理等诸多环节。试图完整地监测和评价航道建设对河流生态系统的影响难以实现，但尽可能涵盖航道建设各环节对河流生态系统的影响，提出一套比较全面的指标体系，能够客观、科学地反映这种影响，需要不断朝这个方向努力。

（3）代表性。分类、分要素识别航道建设各环节人为影响与河流生态系统反应之间的因果关系，选取的指标能直观反映航道建设环节人为影响对河流生态系统的干扰和胁迫，具有较强的针对性，并避免评价指标表征信息上的重叠，尽量选择相对独立的指标。

（4）适宜性。开展生态航道评价指标体系研究，其主要目的即是通过对各指标的观察和测量，最终综合、定量地反映航道建设对河流生态系统的干扰和胁迫程度。因此，所选取的表征指标应可以通过现场调查、监测和实验室分析来获取，便于开展定量化的描述，同时应尽可能保持与现有相关指标的一致性，有助于增进航道评价体系的适用性。

5.2　评价指标层次结构设计

构建生态航道指标体系，是定量分析生态航道水平以及提高航道生态化养护可操作性的重要手段。本章提出了面向航运建设、开发、运行管理过程多指标生态航道判别方法，综合考虑河流生态系统中的水文特性、水质特征、地貌形态以及生物群落等多个因素，结合内河航道规划设计、航道施工、航道运营、航道维护和航道管理等航运开发过程，制定包含航道规划、航道建设、航道水环境、航道生态、航道运营、航道监管、航道服务等方面的内河生态航道评价指标体系。本章中的内河生态航道评价指标体系总共包括 18 个表征指标。在评价内河航道生态状况时，可依据内河航道的实际情况、生态航道评价的适宜性等，对表征指标进行细致分析与筛选，以突出评价生态航道的特征。其中，生态航道表征指标对多数内河航道都能够适用，一些区域性表征指标则可根据内河航道的功能特性、空间分布、区域气候特征等条件进行针对性选取。

基于生态航道评价指标体系的构建原则，结合国内外航道生态化建设与管理研究，综合考虑内河航道复杂的功能特性，将内河生态航道评价指标体系分为三个层次结构，分别为目标层、准则层和指标层。

（1）目标层。内河生态航道评价的目标关键是评估当前航道工程建设是否符合“生态航道”的标准，目标层是对内河生态航道评估指标体系的集中概括，用以反映内河航道生态健康状况的总体水平。要能够综合评估内河航道的设计规划、建设、运行、监管等各过程的生态建设水平，以支撑内河生态航道建设方案的优化设计。

（2）准则层。内河生态航道评价的准则包括航道规划、航道建设、航道水环境、航道生态、航道运营、航道监管、航道服务7个方面的生态性评价。准则层反映航道工程的取材、施工建设及运行维护等过程的生态建设水平，也通过航道服务准则反映内河航道的社会服务功能是否符合生态航道标准。

（3）指标层。指标层是依据准则层的要求选取若干表征指标构成，基于准则层列出的7个准则，筛选定量或定性的表征指标直接反映内河航道的生态健康状况，指示航道工程在规划设计、运行管理等各方面能够符合准则层要求的程度。

由于内河航道工程是多过程、多因素的复杂过程，可以表征航道生态健康的表征指标较多，在充分考虑生态航道评价目标的基础上，内河生态航道评估指标体系包括1个目标层、7个准则层、18个指标层，如图5.1所示。

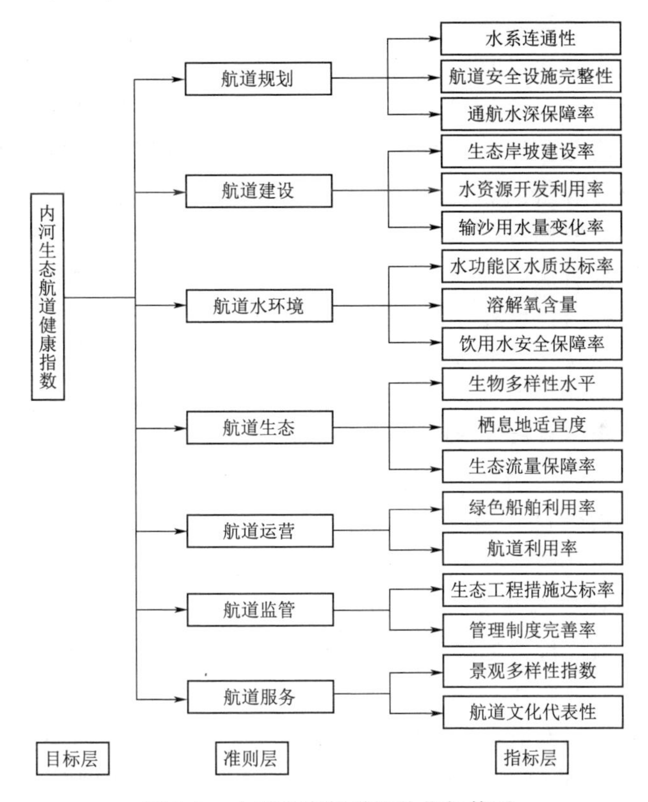

图5.1 内河生态航道评价指标体系

5.3 内河生态航道评价方法

目前指标优化筛选中常用的方法有基于区分度的筛选方法、基于指标相关性分析的筛选方法、层次分析法（analytic hierarchy process，AHP）筛选方法、基于回归方程的筛选指标和基于代表性指标筛选方法[24-28]等，其中层次分析法指标筛选是目前应用最为广泛、操作相对简便指标筛选方法[29-30]。层次分析法通过同类指标的两两比较确定各指标权重，然后剔除权重很小、不会给评价目标带来实际贡献的弱权重指标，从而形成具有操作性的评价指标体系。

在内河生态航道评价指标体系选择中，首先尽可能全地建立一般性表征指标体系，然后应用层次分析法筛选剔除弱权重指标，建立内河生态航道表征指标体系。以期能够定量分析内河生态航道的健康状态，明确引起航道生态环境问题的主要原因，并提出科学的治理与保护措施，将生态航道的评价结果应用于内河航道的建设、运营、监管及综合管理，为航道自然生态系统的治理和修复提供决策依据。

5.3.1　评价指标权重设计

层次分析法主要通过将与决策有关的元素分解成目标、准则、指标等几个层次，在此基础之上对评价目标进行定性分析和定量分析的决策方法。权重设计的合理性与否将直接影响到评估结果的客观性，确定权重的方法有很多，如专家咨询法、层次分析法、主成分分析法。为减少生态航道评价指标权重确定的主观和多指标同时赋权的混乱与误差，提高生态航道评价结果的客观性、准确性，采用层次分析法对内河生态航道评价指标进行权重赋值。内河生态航道评价指标权重分析与计算过程包括以下两个方面：

1. 明确评估对象层次结构

针对内河生态航道评估过程进行层次分析，通过构建目标层、准则层、指标层将生态航道评价目标 T 划分为7个准则 C_i，$i=[1,7]$。

$$T=\{C_1,C_2,C_3,C_4,C_5,C_6,C_7\} \tag{5.1}$$

同时准则层指标 C_i，每个准则分别包括 j 个表征指标 N_{ij}，即

$$C_i=\{N_{i1},N_{i2},\cdots,N_{ij}\} \tag{5.2}$$

2. 确定指标体系各层次的权重取值

内河生态航道评价指标体系包含3个层次，依据航道评估体系需分别进行两层次权重计算，准则层与指标层的权重值基于层次分析法确定。首先确定准则层对于目标层的权重值，准则层的权重值为 $W_C=\{W_{C_1},W_{C_2},\cdots,W_{C_7}\}$；其次是进行指标层对于准则层的权重计算，指标层是权重值用 W_{Nij} 表示，具体为 $W_{N_{ij}}=\{W_{N_{i1}},W_{N_{i2}},\cdots,W_{N_{ij}}\}$。通过权重计算过程能够明确各项表征指标相对于准则层的权重，同时也可以针对不同区域、不同等级的航道确定不同的表征指标权重。

5.3.2　生态航道评价方法

生态航道评价主要通过生态航道分级系统完成，定义参照系统的理想状况为最佳状况，定义航道生态系统严重退化状况为最坏状况，介于最佳和最坏等级中间再分成若干等级。生态要素包括生物、水文、水环境、河流生态系统和

河流地貌等，各要素层又分为若干指标，确定各项指标理想标准值需要开展大量工作，包括进行河流生态与生物普查，收集历史和现状数据资料，在大量数据支持下，按照统计学原理，结合专家经验确定。有些指标如果有相应的国家或行业标准就可直接引用，如功能区水质达标状况等。按照与理想状况的偏离程度计算具体指标分值，各指标权重可采用加法评分法、连乘评分法、加乘评分法、加权评分法、专家估测法、统计因子分析法、主成分分析法和层次分析法等方法确定。

由于内河生态航道评价涉及航道建设、运行、监管和社会服务功能等多个过程，包含航道建设与运营多过程、复杂的评价指标体系，同时内河生态航道评估方法需要能够综合全面反映航道建设范围内河流的健康状况，因此本章采用综合评价法进行内河生态航道评估。综合评价方法能从总体上反映评价客体的实际状况，评价过程全面准确，适用于多指标、多层次的复杂评价过程。因此，研究时内河生态航道评估方法采用基于层次分析法的综合评价方法，基于已构建的内河生态航道指标体系及评价对象，对内河生态航道健康状况进行评估。综合指数评价方法是常用的多指数综合评价方法，通过现场监测、参考标准、模型计算等方式取得个表征指标的标准值，根据适宜的计算方法将各指标的标准值量化为无量纲值，综合考虑各指标之间的相互关系，最后通过加权合成计算得出生态航道健康状况的综合评价数值，即为生态航道综合健康指数值。

通过内河生态航道综合指数评价法的评估过程能够计算内河生态航道健康综合指数 WEI，即

$$WEI = \sum_{j=1}^{n} Q_j \times W'_{N_{ij}} \tag{5.3}$$

式中：WEI 为内河生态航道健康综合指数；$W'_{N_{ij}}$ 为第 j 个评价指标对于目标层的权重赋值，由准则层权重 W_C 和其相对应的指标层权重 $W_{N_{ij}}$ 加权计算赋值；Q_j 为第 j 个指标的量纲化分值。WEI 的取值在［1，5］区间内，采用 5 级分值评分，依据生态航道评价结果来确定内河生态航道的健康状况。

5.3.3 生态航道评价标准

内河生态航道健康程度的衡量尺度或标准是较为模糊且难以定量评价的概念，因此生态航道健康评价标准需进行量化过程，在此基础上建立生态航道评价指标赋值与生态航道健康程度等级之间的关联关系，通过明确航道健康评价的衡量标准对内河航道生态系统健康状况做出科学、合理的评判。基于内河生态航道评价指标体系，采取定性评估和定量计算相结合的评价过程确定航道表征指标的取值，借助科学合理的方法明确各表征指标对于目标层的权重，合理整合各表征指标评价值而得到内河生态航道健康评价的赋值。生态航道最终的评价分值能够定量分析内河航道生态系统健康状况，同时能够甄别干扰航道生

境的关键因素，并依据分析结果提出科学合理的修复与管理措施。研究中将内河生态航道健康标准划分为 5 个等级，根据航道生态环境健康程度依次为优Ⅰ、良Ⅱ、中Ⅲ、差Ⅳ、劣Ⅴ等级。各等级生态航道类别及其特征见表 5.1。

表 5.1　内河生态航道分类标准

内河生态航道类别	生态航道特征
优Ⅰ	航道工程对河流扰动强度较小，航道范围内河流、湖泊生境结构稳定，河湖地貌形态自然稳定，生态系统健康程度高，河湖生态功能与社会服务功能按照航道规划正常发挥功能
良Ⅱ	河湖地貌形态受到航道建设一定程度损坏，河湖生态系统和社会服务功能受到轻度影响，但航道各功能仍能良好运行
中Ⅲ	河湖地貌形态受到航道工程较大损坏，河湖生态功能显著衰退，河湖生态功能与社会服务功能尚可维持正常运行状态
差Ⅳ	航道工程建设严重损坏河湖形态结构，航道范围内河流、湖泊生态功能与航道功能严重受损，但尚能维持部分航道功能
劣Ⅴ	河湖系统不能维持生态与社会服务功能，航道各项功能无法维持

本章从内河生态航道评价结构体系、层级结构设计、评价方法等方面分析和构建了内河生态航道评价指标体系。针对内河航道评价中存在的指标复杂、指标取值不确定性高的问题，研究建立了内河生态航道评价指标体系，基于层级分析法与综合指标分析法计算指标层各评价指标的权重，明确生态航道评价指标体系中各种表征指标赋值与生态航道等级标准的联系程度，为生态航道评价提供理论依据。

参考文献

[1] HAASE P, HERING D, JAHNIG S C, et al. The impact of hydromorphological restoration on river ecological status: a comparison of fish, benthic invertebrates, and macrophytes [J]. Hydrobiologia, 2013 (704): 475 - 488.

[2] GROWNS I, ROURKE M, GILLIGAN D. Toward river health assessment using species distributional modeling [J]. Ecological indicators, 2013 (29): 138 - 144.

[3] PINTO U, MAHESHWARI B L. River health assessment in peri - urban landscapes: an application of multivariate analysis to identify the key variables [J]. Water research, 2011 (45): 3915 - 3924.

[4] ISLAM M S, AHMED M K, HABIBULLAH M M, et al. Assessment of trace metals in fish species of urban rivers in Bangladesh and health implications [J]. Environmental toxicology and pharmacology, 2015 (39): 347 - 357.

[5] EVERALL N C, JOHNSON M F, WOOD P, et al. Comparability of macroinvertebrate biomonitoring indices of river health derived from semi - quantitative and quantita-

tive methodologies [J]. Ecological indicators, 2017 (78): 437-448.

[6] XIAO J, WANG L Q, DENG L, et al. Characteristics, sources, water quality and health risk assessment of trace elements in river water and well water in the Chinese Loess Plateau [J]. Science of the total environment, 2019 (650): 2004-2012.

[7] YAN Y, ZHAO C L, WANG C X, et al. Ecosystem health assessment of the Liao River Basin upstream region based on ecosystem services [J]. Acta ecologica sinica, 2016 (36): 294-300.

[8] WANG J, ZHANG X F, LING W T, et al. Contamination and health risk assessment of PAHs in soils and crops in industrial areas of the Yangtze River Delta region, China [J]. Chemosphere, 2017 (168): 976-987.

[9] STUBBINGTON R, CHADD R, CID N, et al. Biomonitoring of intermittent rivers and ephemeral streams in Europe: current practice and priorities to enhance ecological status assessments [J]. Science of the total environment, 2018 (618): 1096-1113.

[10] ROEGER A, TAVARES A F. Water safety plans by utilities: a review of research on implementation [J]. Utilities policy, 2018 (53): 15-24.

[11] CHENG B, LI H. Agricultural economic losses caused by protection of the ecological basic flow of rivers [J]. Journal of hydrology, 2018 (564): 68-75.

[12] WEN J J, CUI X Y, GIBSON M, et al. Water quality criteria derivation and ecological risk assessment for triphenyltin in China [J]. Ecotoxicology and environmental safety, 2018 (161): 397-401.

[13] MA X T, YE L P, QI C C, et al. Life cycle assessment and water footprint evaluation of crude steel production: a case study in China [J]. Journal of environmental management, 2018 (224): 10-18.

[14] ZAHARIA L, LOANA-TOROIMAC G, MOROSANU G A, et al. Review of national methodologies for rivers' hydromorphological assessment: a comparative approach in France, Romania, and Croatia [J]. Journal of environmental management, 2018 (217): 735-746.

[15] MADDOCK I. The importance of physical habitat assessment for evaluating river health [J]. Freshwater biology, 1999 (41): 373-391.

[16] BOULTON A J. An overview of river health assessment: philosophies, practice, problems and prognosis [J]. Freshwater biology, 1999 (41): 469-479.

[17] ZHANG Q Q, YING G G, PAN C G, et al. Comprehensive evaluation of antibiotics emission and fate in the River Basins of China: source analysis, multimedia modeling, and linkage to bacterial resistance [J]. Environmental science and technology, 2015 (49): 6772-6782.

[18] FERGUSON P F B, BREYTA R, BRITO I, et al. An epidemiological model of virus transmission in salmonid fishes of the Columbia River Basin [J]. Ecological modelling, 2018 (377): 1-15.

[19] MARZIN A, DELAIGUE O, LOGEZ M, et al. Uncertainty associated with river health assessment in a varying environment: the case of a predictive fish-based index in France [J]. Ecological indicators, 2014 (43): 195-204.

[20] LI B Q, LI X J, BOUMA T J, et al. Analysis of macrobenthic assemblages and ecological health of Yellow River Delta, China, using AMBI & M - AMBI assessment method [J]. Marine pollution bulletin, 2017 (119): 23 - 32.

[21] TAN X, MA P, BUNN S E, et al. Development of a benthic diatom index of biotic integrity (BD - IBI) for ecosystem health assessment of human dominant subtropical rivers, China [J]. Journal of environmental management, 2015 (151): 286 - 294.

[22] NIU L H, LI Y, WANG P F, et al. Development of a microbial community - based index of biotic integrity (MC - IBI) for the assessment of ecological status of rivers in the Taihu Basin, China [J]. Ecological indicators, 2018 (85): 204 - 213.

[23] 雷国平. 长江生态航道建设关键技术需求研究 [J]. 中国水运航道科技, 2016 (3): 14 - 19.

[24] 吕香亭. 综合评价指标筛选方法综述 [J]. 合作经济与科技, 2009 (6): 54 - 58.

[25] MACEDO D, HUGHES R M, FERREIRA W R, et al. Development of a benthic macroinvertebrate multimetric index (MMI) for Neotropical Savanna headwater streams [J]. Ecological indicators, 2016 (64): 132 - 141.

[26] Deng X J, Xu Y P, Han L F, et al. Assessment of river health based on an improved entropy - based fuzzy matter - element model in the Taihu Plain, China [J]. Ecological indicators, 2015 (57): 85 - 95.

[27] MAGESH N S, CHANDRASEKAR N, ELANGO L. Trace element concentrations in the groundwater of the Tamiraparani river basin, South India: insights from human health risk and multivariate statistical techniques [J]. Chemosphere, 2017 (185): 468 - 479.

[28] BARDINA M, HONEY - ROSES J, MUNNE A. Implementation strategies and a cost/benefit comparison for compliance with an environmental flow regime in a Mediterranean river affected by hydropower [J]. Water policy, 2016 (18): 197 - 216.

[29] 高杰, 孙林岩, 何进, 等. 层次分析的区间估计 [J]. 系统工程理论与实践, 2004 (3): 103 - 106.

[30] VEISI H, LIAGHATI H, ALIPOUR A. Developing an ethics - based approach to indicators of sustainable agriculture using analytic hierarchy process (AHP) [J]. Ecological indicators, 2016 (60): 644 - 654.

第 6 章　内河生态航道指标体系构建案例

6.1　内河生态航道表征指标筛选与分析

大型底栖动物是一种长期或者生命中某个阶段生存在水体底部及其他基质上的水生无脊椎动物[1-2]。底栖动物的栖息地主要有溪流、湿地、海湾、江河、湖泊、滩涂等自然环境。河流生态系统内大型底栖动物主要包括水生昆虫、软体动物、扁形动物、部分环节动物（寡毛纲和蛭纲）和线形动物等。内陆河流的大型底栖动物种类多种多样，维系了河流生态系统内部许多重要的生态过程[3-4]，在水体生态系统的物质循环和能量流动中占有十分重要的地位，同时也对外部环境改变的响应较为敏感，能够反映湿地退化、消失对区域内环境的影响[5-6]。因而以大型底栖动物为研究对象展开内河航道内部水生生物群落结构、生物多样性变化的研究，具有较强的代表性、可操作性，能够对河流自然生态系统的保护、利用、管理和恢复提供科学的理论依据[7-9]。

河滨带大型底栖动物是生命周期相对较长，并且迁移能力相对较弱的生物类群，不同种类的大型底栖动物对河滨湿地的环境变迁及污染的耐受、敏感程度不同，大型底栖动物种群栖息密度和物种多样性水平能够直接反映栖息地的环境质量，因此大型底栖动物常被当作表征水体环境质量的指示生物[10]。河滨带栖息地生境条件与大型底栖动物群落的种群结构、空间分布及多样性水平等与其生存环境关系密切，栖息地的水文条件、沉积物理化指标、土地利用类型等的改变都将显著影响到大型底栖动物的种类、密度、空间分布及种群构成[11-12]。因此，大型底栖动物是评价河滨带栖息地适宜度的理想的指示物种。在内河航道内开展航道建设对大型底栖动物群落的结构、分布、动态变化的研究，能有效评估河滨湿地生态系统的健康状况，较好反映河滨带栖息地的栖息环境条件[13-14]。同时，从维护河滨带生态系统内生物多样性的角度出发，探明内河航道河滨带大型底栖动物群落的实际构成与分布状况，对于丰富、完善河流生态系统的理论和应用都具有显著意义[15-16]。

内河航道建设是影响河滨带生境的关键因素。同时，航道建设工程对河滨带生境的改变将会造成河滨带湿地的退化、破损，而河滨湿地是联络陆地和水生两大类生态系统的枢纽，是河流结构形态、水文过程和河流生物相互影响、作用的敏感地带[17]。同时，由于不同通航密度航道河滨带在船行波冲刷作用下的沉积物、底质的组成各有不同，也会显著影响大型底栖动物群落的组成、丰度和多样性[18]。鉴于大型底栖动物迁移慢、对栖息地环境改变敏感的特性，监测大型底栖动物群落结构与多样性的变化能够显著反映内河航道建设对河滨带生态环境造成的影响，有助于探讨不同通航密度条件下航道建设对河滨带生态系统的影响机制[19-20]。

为解决上述问题，本书在樟江航道河滨带针对大型底栖动物群落进行了实地取样调查，并分析典型河滨带大型底栖动物群落结构特征，探明樟江航道河滨带分布广泛的大型底栖动物（*Benthic invertebrate*）优势物种，主要包括仿雕石螺（*Lithoglyphopsis*）、铜锈环棱螺（*Bellamya aeruginosa*）、光滑狭口螺（*Stenothyra glabra*）和钉螺（*Oncomelania*）等。因此，研究着重考察内河航道建设对河滨带典型大型底栖动物群落的影响机制。河滨湿地内部的大型底栖动物种类多种多样，维系了河滨湿地生态系统内部许多重要的生态过程，大型底栖动物位于河滨湿地生态系统碎屑食物链的中间环节，是河滨湿地生态系统中最重要的消费者、转移者，起着承上启下的关键性作用[21-23]。大型底栖动物群落可以吸收、贮存、转化水体中沉降下来的物质，不仅能够主动摄食水层中的有机质颗粒、浮游植物和浮游动物，也能够被动接受水体和底泥中的有机质微粒，促进水体中沉降的有机物的降解速率[24]。因此，维护大型底栖动物的物种多样性对保护河流生态系统结构、功能完整性有着重要意义。同时大型底栖动物对外部环境改变的响应较为显著，能够指示河滨带生境退化、消失对河流生态进程的影响[25-26]。

6.1.1　内河生态航道表征指标选取

6.1.1.1　指标体系构建案例

1. 案例区概况

选取贵州省荔波县樟江与㵲阳河流域为案例区，区域均为山区河流。樟江全长100.6km，属于珠江水系，流域面积约为1500km^2，樟江多年平均流量为28.8m^3/s。㵲阳河全长258.4km，多年平均流量为31.22m^3/s。目前，樟江流域内正开展航道建设工程，工程河段位于樟江下游的荔波县城西南31.04km范围内，水位落差达19.5m，平均比降0.62‰。因此，在樟江航道工程建设河段设置大型底栖动物采样点b_j，在樟江下游至小七孔自然河段区间内设置采样点c_k。由于㵲阳河（镇远段）为已建成航道，在㵲阳河航道设置对照采样点a_i。通过在研究区域内的已建成航道、建设中航道和自然河段设置26个采样点，研究航道工程建设对研究区河流生态系统的影响程度。

2. 底栖生物样品采集原则

在不同建设时期的内河航道区域内，对大型底栖动物进行采样点布设，研究区内所设置的样点环境尽量保持一致。样点主要位于河道两侧，样点植被全部为林地、灌木或草地覆盖，所有采样点均选取在河道物理状况（河流宽度、流速等）相似处。其中采样点的布设方式如图 6.1 所示。

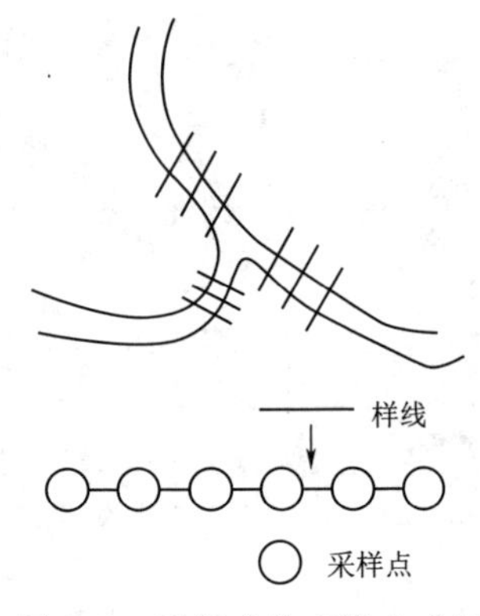

图 6.1 采样点的布设方式图

对于不同建设时期的内河航道的采样点，样线的布设应尽可能反映研究区域底栖生物详细状况，每条样线应做 3 次重复。样线的布设如图 6.1 所示，每条样线中设置 6 个取样点（河岸两侧各设 3 个采样点），样线中取样点的布设距离视情况而定。进行底栖生物采样时，取样点的设置要能使样品有代表性，一般位于航道的滨河带、敞水带以及不同大型水生植物分布区，并由此向样地延伸。

3. 大型底栖动物样品采集

本案例研究针对河滨带大型底栖动物的野外采样工作于 2015 年 9 月及 2016 年 9 月樟江、㵲阳河内进行，采样点主要设置在樟江航道工程建设河段、樟江下游自然河段，同时在已运行的㵲阳河航道设置对照采样点，采样点广泛分布于研究河段河滨带区域内。在各采样点主要采集样线内底栖生物，确定底栖生物的种类，种群数等指标。同时，样点环境背景调查采用样方调查方法，记录样线内采样点的植被覆盖类型、盖度及植被高度等指标。同时还要调查航道建设时间、河道宽度、河道深度与流速等指标。通过在樟江、㵲阳河的野外采样工作，采集和分析了大量大型底栖动物样品及水样，获取了研究区域内相关水质指标与大型底栖动物的群落结构、多样性数据，为进一步的研究提供了良好的数据基础。

进行野外采样工作时，在采样点划分样方后，使用彼得逊采泥器进行大型底栖动物采样工作，其开口面积为 $1/16m^2$，适用于采集淤泥及较软的底泥，主要用于采集水生昆虫、水生寡毛类及大型底栖动物（图 6.2）。使用时打开采样器，挂好提钩后缓慢放至水底，之后继续放绳，使提钩脱落，再向上轻提拉紧提绳，当采泥器两边闭合后，将其拉出水面并置于桶中，打开采泥器将所采得的底泥倒于桶中，经 40 目分样筛去除泥沙，将筛上肉眼所能看见的大型底栖动物用镊子挑出固定，存放于 100mL 塑料广口瓶内，提取样品时注意勿将样本损坏。

将筛选出的大型底栖动物立即放入 5％的甲醇溶液或 75％的酒精溶液中固定。为了便于分类鉴定，环节动物如水蚯蚓、蛭等应先放入玻璃皿中，加少量水，并缓缓滴加数滴 75％酒精，将虫体麻醉，待其充分舒展伸直后，再以 5％的甲醇溶液或 75％的酒精溶液中固定保存。固定液需为动物体积的 10 倍以上，否

图 6.2 野外采样照片

则应在2～3天后更换固定液。

4. 大型底栖动物样品鉴定

软体动物和水栖寡毛类可参考相关文献、资料鉴定到种，摇蚊科幼虫鉴定到属，水生昆虫等可鉴定到科。其中，寡毛类和摇蚊科幼虫等在鉴定时需制片在解剖镜或显微镜下观察，一般使用甘油做透明剂。如需保留制片，可用普氏胶封片，保存大型底栖动物样品标本时要注意倾斜放置盖玻片，避免产生气泡。

5. 样品计数

将每个采样点所采集的大型底栖动物按照不同种类准确统计个体数，根据采样器的开口面积计算出 $1m^2$ 内的大型底栖动物数量，包括每种的数量和采样点内大型底栖动物的总数量，即底栖动物的栖息密度（单位：individual/m^2，简称 ind/m^2）。研究中的大型底栖动物生物量（g/m^2）是在现场固定样品之前，将采得的大型底栖动物放置于干滤纸上，吸取样品多余的水分，用天平称出各种类的湿重，根据生物量=样品湿重/采样面积，推算出 $1m^2$ 内大型底栖动物的生物量。

6. 水质参数的测定

水质参数的测定主要在采样点现场监测水质状况（水深、透明度、pH 值、流速、温度等），现场监测以 HACH DR2800 水质综合分析仪、pH 测量仪、电导率仪等为主，对于需要在实验室内测定的水质指标，则在各个采样点的采样断面上采集水样，使用容器将样点水样妥善保持，将水样送至实验室内进行水质分析。实验内进行的采样点水样测定的基本指标包括：化学需氧量（COD）、总磷（TP）、总氮（TN）、氨氮（NH_3-N）等。实验方法参照《水质化学需氧量的测定》（GB 11914—89）、《水质总磷的测定》（GB 11893—89）、《水质总氮的测定》（GB 11894—89）等。

6.1.1.2 大型底栖动物群落多样性分析

生物多样性水平是评价河流生态系统健康的重要衡量测度。河流生态系统生物多样性通常包括三个层次的内容：遗传多样性、物种多样性和生态系统多样性。其中，已有的研究多集中于对河流物种多样性的探讨之上，也产生了大量关于描述物种多样性的生态评价指数。河流生态系统中的物种多样性是指有关生物种类的生物多样性，它一般由特定区域内的物种数量、分布特征来表征。

Shannon - Wiener 指数更适宜本书中航道水体内大型底栖动物多样性的研究，如无特别说明，本书中所涉及的大型底栖动物多样性指数均为 Shannon - Wiener 多样性指数（H）：

$$H = -\sum[n_i/N\ln(n_i/N)] \tag{6.1}$$

式中：N 为采集样品中所有大型底栖动物种类的总个体数量；n_i 为样品中第 i 种底栖动物的个体数量。

6.1.1.3 大型底栖动物群落分布特征

（1）结合航道建设、运行期的河流特征设计大型底栖动物采样方案，分别于 2016 年 8 月、2017 年 9 月丰水期内在樟江、滁阳河航道区域进行大型底栖动物样品采集工作，尽量在保持环境背景的一致性原则下布设大型底栖动物采样点，采样点均设置在植被覆盖、河流宽度、底泥类型相近的区域。基于大型底栖动物样品的准确性，在每个采样点都进行 3 次重复采样，以便获取较为细致、全面的大型底栖动物的生物量及种群结构情况。

（2）使用水质检测仪及实验室分析相结合的手段，检测每个采样点内的水质指标，包括非离子氨（NH_3 - N）、氨氮、盐度、温度、总磷、总氮、化学需氧量、pH 值、悬浮物等，并使用主成分分析（PCA）方法确定对影响大型底栖动物群落分布的主要水质指标。

（3）采用典范对应分析（Canonical Correspondence Analysis，简称 CCA 分析）来探讨研究湿地网络水文连通梯度、整体连通性及相关水质指标对大型底栖动物群落分布与多样性的影响，CCA 分析可以把样方排序，种类排序和环境变量排序表示在同一双序图（bi - plot）上，其中，箭头表示环境变量，箭头连线的长度代表某个环境变量与群落分布和种类分布之间相关程度的大小，连线越长，相关性越大；反之相关性越小。箭头连线和排序轴的夹角代表着某个环境变量与排序轴的相关性大小，夹角越小，相关性越高；反之，相关性越低。并结合 partial CCA 分析各变量对大型底栖动物群落多样性、分布的影响程度，通过 variance partitioning 过程定量计算出各环境因子对底栖动物群落分布的贡献率。典范对应分析及偏 CCA 分析均在 CANOCO 4.5 for Windows 内进行生态排序及变量分解计算过程。

6.1.1.4　数据统计分析

本部分研究中所有相关的环境变量的数据都事先进行 log（$x+1$）转换，进行必要的数据的标准化过程，能够去除冗余，使研究所需的数据符合正态分布。使用主成分分析确定影响大型底栖动物群落分布的主要水质指标。本研究中，在 PCA 分析之前，首先使用单因素方差分析（one-way ANOVA）检验样点间数据的差异性，样点间数据检验的 p 值要满足 $p<0.05$。使用 Pearson Correlation 对水质指标进行筛选，如果两组水质指标呈高相关性（$r>0.8$），为了避免数据冗余，两组数据取其一进行分析。PCA 分析在 SPSS18.0 软件中进行。

在已有的大型底栖动物群落数据及相关环境变量的基础上，使用典范对应分析（CCA）揭示环境因子与大型底栖动物群落构成之间的关系，并通过排序确定影响大型底栖动物群落结构的关键环境变量。本研究中的环境因子除了水质指标之外，还包括采样点的通航密度（Traffic Density，TR-D）及其所在的航道建设时期（Waterway Construction Period，W-Con）。使用 Monte Carlo 排列检验阐明 CCA 分析结果中轴 1 与轴 2 的统计显著性特征。在明确主要环境因子对大型底栖动物群落的影响之后，使用 Partial CCA 对影响大型底栖动物群落的主要环境因子进行 variance partitioning 过程，计算出每个主要环境因子影响大型底栖动物群落的贡献率。本研究的 CCA 分析与 Variance partitioning 过程均在 Canoco 4.5 中进行。

6.1.2　内河生态航道关键指标分析

6.1.2.1　大型底栖动物的空间分布

在实验室对不同建设期航道采集到的大型底栖动物样品分析、鉴定工作中，共辨识出 26 种大型底栖动物，主要包括寡毛纲（*Oligochaeta*，2 种）、腹足纲（*Gastropoda*，8 种）、摇蚊科（*Chironmidae*，5 种）、瓣鳃纲（*Lamellibranchia*）、昆虫纲（*Insecta*）、甲壳纲（*Crustacea*）、蛭纲（*Hirudinea*）在河滨带大型底栖动物群落中也有小部分组成。其他种类的大型底栖动物虽然在采样点也偶有发现，但是由于其出现的概率较小，本书将其剔除，不予讨论。

由图 6.3 所示，在不同建设时期航道的采样点内，河滨带大型底栖动物群落的平均种群密度从 17 增加到 539ind/m^2。在处于运行期航道 a_i 的河段内，大型底栖动物种群密度为 17～126ind/m^2，在建设期航道 b_j 的河段内，大型底栖动物种群密度范围是 32～285ind/m^2，而在自然状态河段 c_k 的河段内，大型底栖动物种群密度在 79～539ind/m^2 之间（图 6.3）。大型底栖动物种群密度最高的采样点位于自然河段，即 c_k 组内。大型底栖动物多样性最高的采样点位于具有较高水文连通的 c_k 河流段内，而位于 a_i 和 b_j 河流段的采样点内的大型底栖动物群落表现出较低的多样性（表 6.1）。

表 6.1　　航道内大型底栖动物种群及其多样性分布

大型底栖动物种类	缩写	*a* 河流段	*b* 河流段	*c* 河流段
Limnodrilus hoffmeisteri	Lim	6.6 ± 0.7	6.4 ± 0.2	11.96 ± 0.1
Branchiura sowerbyi	Bra sow	10.2 ± 2.2	11.2 ± 1.1	16.1 ±1.3
Glossiphonia sp.	Glo		4 ± 0.5	2.76 ± 0.5
Lithoglyphopsis sp.	Lith			12.88 ± 0.5
Sinotaia aeruginosa	Sin			14.26 ± 0.9
Bithynia sp.	Bith			9.66 ± 0.8
Radix swinhoei	Rad		10.8 ± 0.5	20.56 ± 0.9
Stenothyra glabra	Sten	12.6 ± 1.8	12.4 ± 0.4	6.44 ± 0.1
Oncomelania sp.	One			10.58 ± 0.1
Gyraulus convexiusculus	Gyr			2.76 ± 0.1
Physa acuta	Phy		5.6 ± 0.2	
Corbicula fluminea	Cor	7.8 ± 1.0	8.8 ± 0.6	8.28 ± 0.2
Caridina sp.	Car	5.4 ± 0.5	16.8 ± 1.8	5.98 ± 0.4
Baetis sp.	Bae	7.2 ± 0.5		
Caenis sp.	Cae	1.2 ± 0.1	1.2 ± 0.2	1.84 ± 0.2
Hydropsychidae sp.	Hyp		1.6 ± 0.7	
Gomphidae sp.	Gom	7.8 ± 0.7		2.76 ± 0.1
Macromia sp.	Mac		6.0 ± 1.4	3.68 ± 0.1
Corixidae sp.	Cor			1.84 ± 0.1
Elmidae sp.	Elm			1.84 ± 0.1
Psephenidae sp.	Pse		1.2 ± 0.2	
Parapoynx sp.	Par		1.2 ± 0.4	
Bezzia sp.	Bez			2.76 ± 0.1
Tipulidae sp.	Tip		1.2 ± 0.9	
Tabanidae sp.	Tab			1.84 ± 0.4
Chironomus sp.	Chi	8.4 ± 0.4	4.8 ± 0.6	7.36 ± 0.3

6.1.2.2　大型底栖动物群落多样性

研究统计了不同水文连通度的采样点内的大型底栖动物多样的平均值。结果表明，位于自然河段的采样点内的大型底栖动物群落具有较丰富的物种组成，同时样点内的大型底栖动物群落也具有相对较高的生物多样性，结果表明航道建设工程对河滨带的大型底栖动物群落有较强的干扰作用。

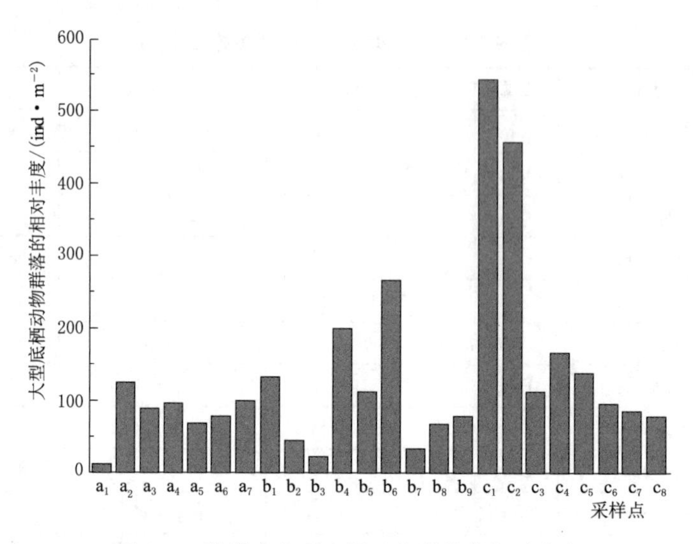

图6.3 航道内大型底栖动物群落的相对丰度

6.1.2.3 影响河滨带大型底栖动物群落的外部因素

通过主成分分析探明影响大型底栖动物群落分布的主要环境因子，表6.2显示了研究区内影响大型底栖动物分布的11种主要水质指标及其平均值和显著性差异。通过由水质指标和大型底栖动物丰度组成的相关矩阵，确定出影响大型底栖动物群落分布的主要水质指标，主要包括TN、NH_3-N、TP、COD、SS、DO、VEL、TEM、pH值（$p<0.05$）9种水质指标。通过PCA分析能够得到这9种水质指标能够解释99.30%的统计结果，PCA分析中环境变量的特征根统计见表6.3。

表6.2 影响大型底栖动物群落分布的环境因子

环境变量	Mean±S.D.	*P* value	*F* value
TN/(mg·L^{-1})	9.51±3.92	0.001	5.327
NH_3-N/(mg·L^{-1})	3.03±1.18	0.003	3.833
TP/(mg·L^{-1})	1.82±0.71	0.008	2.956
COD/(mg·L^{-1})	4.37±0.68	0.011	1.716
SS/(μg·L^{-1})	1.45±0.41	0.014	1.497
DO/(mg·L^{-1})	8.47±0.89	0.021	1.275
VEL/(m·s^{-1})	0.22±0.13	0.025	1.238
TEM/℃	22.85±0.74	0.030	1.149
pH值	7.69±0.28	0.038	1.162
NH_4-N/(mg·L^{-1})	0.43±0.11	0.337	0.928
TDS/(g·L^{-1})	1.22±0.52	0.561	0.845

表 6.3 PCA 分析中环境变量的特征根

环境变量	Total eigenvalues	% Variance	Cumulative %
TN	4.355	48.391	48.391
NO_3-N	1.528	16.973	65.364
TP	1.006	11.112	76.476
COD	0.811	9.025	85.502
SS	0.509	5.652	91.154
DO	0.462	5.135	96.289
VEL	0.181	2.015	98.304
TEM	0.105	1.163	99.467
pH 值	0.048	0.533	100.000

通过统计分析内河航道不同建设时期对大型底栖动物多样性、种群密度的影响关系，结果表明研究区内的大型底栖动物多样性受到航道建设工程的显著影响，而大型底栖动物种群密度在航道建设期与运行期的河流段内变化不大［图 6.4（a）］，在自然河段内显著增加［图 6.4（b）］，此现象表明在开展航道工程的河段内的生态稳定性较差，原因可能是航道工程建设、运行扰动了河滨带的水文特征，不利于底质中营养物质的交换和沉积，干扰了大型底栖动物的生存环境。

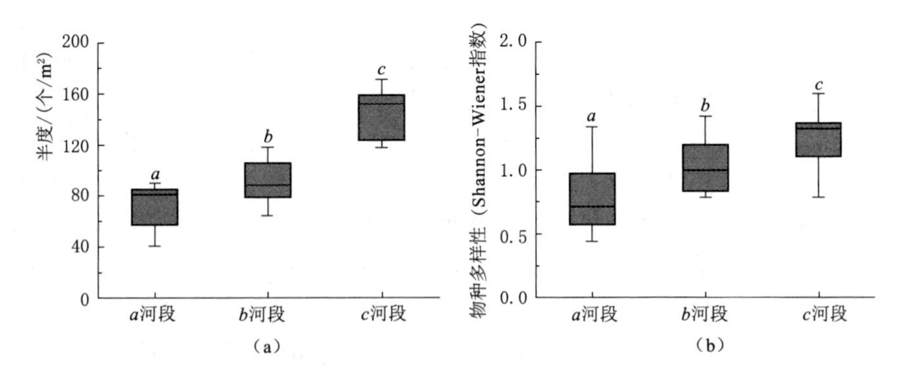

图 6.4 不同航道建设期河流段内大型底栖动物多样性和种群密度变化

将相关环境因子数据通过 log（$x+1$）变换进行数据标准化处理，使得环境变量之间达到近似标准分布状态。在此基础上对环境变量和大型底栖动物物种相关指标进行典范相关分析（Canonical Correspondence Analysis，CCA），用于揭示环境因子对大型底栖动物群落分布的相关趋势（图 6.5）。通过 CCA 分析可以得到前两轴的方差解释率为57.63%，其中，轴2与DO（$r=0.61$，$p<0.001$），pH（$r=0.56$，$p<0.05$）显著正相关，与TN（$r=0.51$，$p<0.05$），W-Con（$r=0.54$，$p<0.05$），TP（$r=0.71$，$p<0.001$），Tra-D（$r=0.57$，$p<0.05$），和NH_3-N（$r=0.68$，$p<0.05$）显著负相关。结果表明河流段的建设期（W-Con）和河流段的通航密度（Tra-D）对大型底栖动物群落结构、分布的影响较为明显。

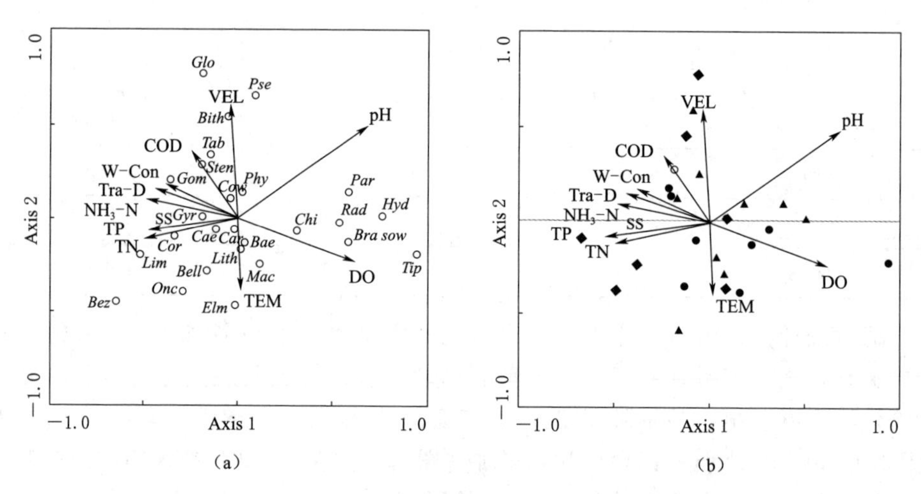

图6.5　大型底栖动物群落与环境因子的CCA排序

（1）箭头表示典型环境因子，环境因子缩写见表6.2，底栖动物缩写见表6.1；

（2）左图中空心圆点代表底栖动物丰度，右图中三角点代表采样点a_i，

菱形点代表采样点b_j，圆点代表c_k。

在对影响大型底栖动物多样性的环境因子进行生态排序之后，本书对显著影响大型底栖动物物种分布的环境因子做变异分离（Variance Partitioning）研究，探讨环境因子对大型底栖动物群落多样性变化的解释率。由于研究中采样点均在航道区域内精心找寻设计，样方间的环境背景相似，因此不考虑植被覆盖、土地利用等外部环境因子对大型底栖动物群落分布的影响。只考虑航道中船舶通航密度、河流水质指标对大型底栖动物群落的综合影响作用。Variance Partitioning过程中对大型底栖动物群落多样性的变化分以下4个部分进行。

（1）外部环境因子对底栖动物多样性造成的变化。这部分的变异分解过程相对于底栖动物群落特征独立进行，可以认为是环境因子改变导致大型底栖动物群落生态过程的变化。

（2）其他生态因子引起的大型底栖动物多样性的变化，本书不做讨论。

（3）外部环境因子与生态因子交互作用导致的底栖动物多样性的变化。

（4）不能有外部环境因子与生物因子解释的部分，包括大型底栖动物群落内部自身的生态行为或底栖动物个体行为差异导致多样性变化的情况等。

结果表明，航道船舶通航密度对大型底栖动物群落影响的解释部分为6%，航道内水质因子解释部分为11%，通航密度与水质因子共同解释部分为5%，水质因子TN对大型底栖动物群落多样性变化解释程度为4%，三者共同作用条件下的解释部分为12%（图6.6）。这表明船舶通航密度、航道水质指标对大型底栖动物多样性分布起着重要的作用。

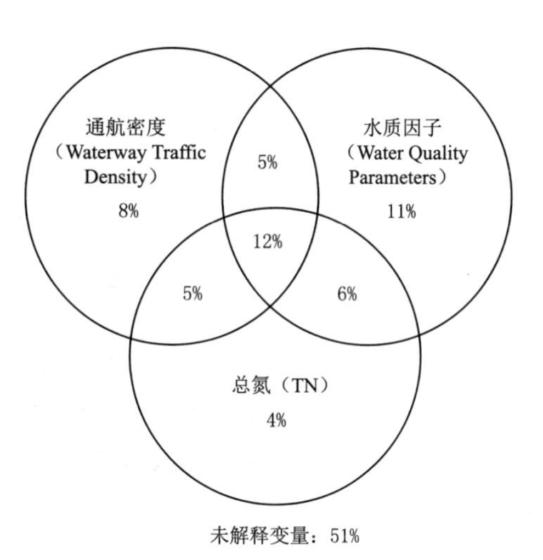

图6.6 环境变量影响大型底栖动物分布的解释率

6.1.3 中尺度底栖生物栖息地模型构建与适宜性评估

河流生态系统原生的物种组成是在不受干扰的水文条件下，生物区系数世纪以来适应周围环境的结果。因此，底栖生物群落结构的生境要求是栖息地适宜性评估的关键要素[27]。最大限度地提高本地生物群落栖息地的物理环境可以被认为是理想栖息地的有效方式。这一概念也适用于物理环境的时间变化，即本地动物不太适应物理环境变化快速的栖息地。在特定的变化范围内，稳定时间长的自然栖息地应该为特定季节的水生生物提供更好的生存条件[28-29]。此外通过观察自然条件下极端生境事件发生的频率、量级和持续时间，可以估计导致栖息地突变的环境压力的临界阈值[30-32]。

影响水生生物群落的两种压力源可以定义为：脉冲压力和扰动压力。脉冲压力造成生物群落的瞬时变化；扰动压力引起物种组成的持续变化。栖息地的限制可以成为脉冲压力，也可以是扰动压力：①栖息地非常有限，导致物种的灭绝（如河水完全干燥）；②栖息地的可用性在很长一段时间是非常有限的（如整个夏天）；③栖息地大部分时间是有限的，而且连续多年出现。一般来说，群落从脉冲压力中的恢复要比从扰动压力中恢复更快。因此，为了保证河流生态系统的完整性，应避免人为压力扰动，保持物理栖息地的适宜性。

河流栖息地适宜度用来描述某河流环境要素对特定水生生物的适宜程度，通过栖息地适宜度分析，对物种生存、繁殖的生态因子进行综合影响评价[33-35]。栖息地适宜度指一定尺度范围内，河流栖息地水文形态和营养要素等物化属性对特定水生物种、群落或生态系统状态的适宜程度。中尺度栖息地是当前河流栖息地研究关注的重要尺度，也是栖息地适宜度研究的理想尺度，既能表征河段横断面上栖息地物化属性和水文形态综合特征，又能为子流域生态修复、环境流量计算等提供定量依据[36-37]。中尺度栖息地是河段尺度上与生物生命周期及活动区域相关的群落生境。

中尺度栖息地是指河道内形象化的具有明显特征的栖息地单元，从河岸能够明显识别，具有显著物理均匀性。在中尺度栖息地方法中，栖息地是与物种及其生命阶段相关的特定区域，其水动力结构与提供生物庇护场所的物理属性一起为生物生存和繁殖创造有利条件。中尺度栖息地理论包含的主要概念有水文形态单元（Hydromorphologic Units，HMU）、水动力群落生境（Hydraulic Biotope）、群落生境（Physical Biotope）、功能性栖息地（Functional Habitat）等。中尺度栖息地适宜度指特定流域水系内，河段（河长约为河宽10倍以上）河道内水文形态、营养要素等物化属性年内季节性时空分布特征对目标水生物种的适宜程度，且包含对群落结构功能和生态系统状态的适宜程度。

栖息地模型是研究河流生态功能的有力工具，能够对指示物种的栖息地状况进行定性和定量的评价。栖息地模型能够考虑流量及结构特征改变的效应，并能在一定程度上预测其影响；流量改变主要影响水深、流速和底质状况，这都是决定栖息地适宜性的主要因素。与其他方法相比，栖息地模拟法考虑生物本身对物理生境的要求，需要建立物种-生境评价指标。代表方法包括IFIM（Instream Flow Incremental Methodology）、CASiMiR（Computer Aided Simulation Model For Intream Flow Regulations）法等，其中IFIM框架下的PHABSIM方法应用最广。这些模型方法均由水文形态模型、生物模型和栖息地模型三部分组成。水文形态模型描述与目标物种相关物理属性的空间格局，生物模型描述栖息地内目标水生生物群落组成结构，栖息地模型定量化计算与流量相关的可用栖息地面积。

中尺度栖息地模型方法在河段尺度上对水文形态单元的栖息地进行模拟，既能整体反映河段水文生态关系，又能对水系流域河流管理和生态修复提供科学参考。常用的中尺度栖息地模型方法有Rapid Habitat Mapping（RHM）、Meso-Habitat Simulation（MesoHABSIM）、MesoCASiMiR和Norwegian Mesohabitat Classification Method（NMCM）等。MesoHABSIM与PHABSIM的流量分析模块相近，其与PHABSIM相比能较快收集较长河段的覆盖数据。MesoCASiMiR模型在CASIMiR模型基础上发展而来，CASiMiR模型针对底栖动物有CASIMiR-benthos模型，但其测定FST-hemisphere参数运用特定装置，测定数据与其他方法的栖息地适宜度可比性不足。因此，MesoHABSIM方法相对更适合大型底栖动物中尺度栖息地适宜度研究。

基于上述基本原理，采用MesoHABSIM方法来搭建研究区域的物理栖息地模型，具体步骤如下。

（1）调查流域生境。

（2）调查流域底栖生物。

（3）收集流域水文资料。

（4）选择目标水生群落。

（5）选择对生境要求最高的生物周期、具有相应指示物种和生命阶段的年内时段。

（6）目标底栖生物群落优势物种和其他指示物种的 MesoHABSIM 模型计算。

（7）模拟人类影响对栖息地的影响。

（8）栖息地压力源持续时间和频率的测定。

6.1.3.1 水文形态模块构建

识别生境单元空间分布的显著变化，以划定生境一致的河段（表 6.4）。重点是栖息地的总体布局，根据每个河流段的特征划分水文形态单位、栖息地特征、覆盖类型等。在每个河段内，估计和记录平均流量和河岸宽度，以及河床和河岸特征。在聚类分析的帮助下，这些区段被合并成区段，在每个区段内选择一个或多个有代表性的地点进行进一步的调查。

表 6.4　　中尺度栖息地模型框架下的河流空间划分层次

空间单元	描　述
研究区域	包括全部调查的河流长度，最好从源头到河口，也可以包括整个流域
河流	具有普遍存在的河流宏观形态特征、梯度不连续性等
河段	部分具有统一的水文形态，因此有一个特定的水文形态单元
典型样区	包含水文形态单元中最短的部分
水文形态单元	用水流速度和深度来描述水力模式一致的区域

MesoHABSIM 模型应用时常用到该分类方法，主要依据水深、流速、河床形状、基质等进行划分，常分为 12 种水文形态单元类型（表 6.5），包括浅水急流（Riffle）、快流（Rapid）、喷流（Cascade）、滑流（Glide）、过渡流（Ruffle）、深水急流（Run）、急流（Fast run）、深水缓流（Pool）、跌水深潭（Plunge pool）、回水（Backwater）、侧流（Side arm）、浅水缓流（Shallow water）。

表 6.5　　水文形态单元的分类

水文形态单元	特征描述
浅水急流（Riffle）	浅水并具有较大的流速，有一定的湍流和较高的水力梯度，一般为凸河床
快流（Rapid）	梯度越大，流速越快，基底越粗，表面湍流越多，一般为凸河床

续表

水文形态单元	特　征　描　述
喷流（Cascade）	急流跌水，或小瀑布，或水深剧增的小水池
滑流（Glide）	具有层流的中度浅水河道，缺乏明显的湍流，一般为平坦河床
过渡流（Ruffle）	从急流过渡到缓流
深水急流（Run）	具有确定的深沟的单调河道。河床纵向平坦，横向凹
急流（Fast run）	具有均匀快速流动的河道
深水缓流（Pool）	因水道堵塞或部分水道堵塞而淤积的深水，流速缓慢，凹河床
跌水深潭（Plunge pool）	主流通过一个完整的水道阻塞，并垂直下降，冲刷河床
回水（Backwater）	航道边缘的松弛区域，由障碍物后面的涡流引起
侧流（Side arm）	环绕岛屿的水道，小于河流宽度的一半，经常与主水道的高程不同
浅水缓流（Shallow water）	流速缓慢或滞留区域

覆盖条件主要是功能性栖息地的分类方法：如低地英国河流的主要功能性栖息地包含暴露的岩石巨砾、圆石卵石、砂砾、砂、淤泥、边际植物、挺水植物、浮叶、沉水阔叶植物、沉水细叶植物、苔藓、丝状藻类、落叶层、木质物残体、树根、悬伸植物等。

考虑土地利用/人为活动干扰，主要针对平原河流特别是受人为干扰较强的城市段河流：按基质、物理栖息地特征、植被特征将河段分为近自然（Semi-Natural，SN）、轻度改变（Lightly Modified，LM）、改变（Modified，M）、中度改变（Moderately Modified，MM）、重度改变（Heavily Modified，HM）等类型。

根据当前河流普遍存在的水动力条件弱、人为干扰强烈等特点，考虑以基质作为第一分类级别、流态作为第二分类级别、覆盖条件作为第三分类级别，对生态条件较好的近/自然河流将大型水生植物作为分类依据，对城市河段等则将岸带树木数量和复杂性作为主要覆盖条件分类依据（表6.6）。一是基质：以基质作为河流栖息地一级分类依据，主要分为石质（>2mm）、砂质（63μm～2mm）、泥质（<63μm）三大类，该粒径分类是以Wentworth沉积物粒径6类分类标准为基础进行整合。二是流态：水动力条件较弱，流态类型相对较少，主要水文形态单元中选取典型的浅水急流（Riffle）、浅水缓流（Shallow water）、深水缓流（Pool）、深水急流（Run）四类型，其中浅水缓流$d<0.3\text{m}$、$v<0.2\text{m}\cdot\text{s}^{-1}$，浅水急流$d<0.3\text{m}$、$v>0.2\text{m}\cdot\text{s}^{-1}$，深水缓流$d>0.3\text{m}$、$v<0.2\text{m}\cdot\text{s}^{-1}$，深水急流$d>0.3\text{m}$、$v>0.2\text{m}\cdot\text{s}^{-1}$。三是覆盖条件：分为植生、非植生，并考虑河心洲的存在。

表 6.6 研究区水文形态特征

河段	水文形态单元	基质条件	覆盖条件	人为影响
A1	快流	砂质	挺水、浮叶、沉水植物	航道建设影响
A2	快流	砂质	挺水、浮叶、沉水植物	航道建设影响
A3	快流	砂质	挺水、浮叶、沉水植物	航道建设影响
A4	浅水急流	砂质	挺水、浮叶、沉水植物	航道建设影响
A5	浅水急流	砂质	挺水、浮叶、沉水植物	航道建设影响
A6	浅水急流	砂质	挺水、浮叶、沉水植物	航道建设影响
A7	浅水急流	砂质	挺水、浮叶、沉水植物	航道建设影响
B1	急流	砂质	浮叶、沉水阔叶、沉水细叶植物	航道建设影响
B2	急流	砂质	浮叶、沉水阔叶、沉水细叶植物	航道建设影响
B3	急流	砂质	浮叶、沉水阔叶、沉水细叶植物	航道建设影响
B4	快流	砂质	浮叶、沉水阔叶、沉水细叶植物	航道建设影响
B5	快流	砂质	浮叶、沉水阔叶、沉水细叶植物	航道建设影响
B6	快流	砂质	浮叶、沉水阔叶、沉水细叶植物	航道建设影响
B7	深水急流	泥质	浮叶、沉水阔叶、沉水细叶植物	航道建设影响
B8	深水急流	泥质	浮叶、沉水阔叶、沉水细叶植物	航道建设影响
B9	深水急流	泥质	浮叶、沉水阔叶、沉水细叶植物	航道建设影响
C1	浅水缓流	泥质	浮叶、沉水阔叶、沉水细叶植物	航道建设影响
C2	过渡流	泥质	浮叶、沉水阔叶、沉水细叶植物	航道建设影响
C3	过渡流	泥质	浮叶、沉水阔叶、沉水细叶植物	航道建设影响
C4	滑流	泥质	浮叶、沉水阔叶、沉水细叶植物	航道建设影响
C5	滑流	泥质	浮叶、沉水阔叶、沉水细叶植物	航道建设影响
C6	浅水急流	泥质	浮叶、沉水阔叶、沉水细叶植物	航道建设影响
C7	浅水急流	泥质	浮叶、沉水阔叶、沉水细叶植物	航道建设影响
C8	浅水急流	泥质	浮叶、沉水阔叶、沉水细叶植物	航道建设影响

6.1.3.2 生物模块构建

以物化属性作自变量，生物数据作因变量，建立栖息地环境物化属性与生物丰度的逻辑回归模型。在计算响应函数之前，通常进行交互相关分析排除多余参数。运用逐步逻辑回归模型确定目标物种使用最多的栖息地特征，为每个目标物种区分不适宜/适宜/最适栖息地。模型用概率比来确定回归公式中应考虑哪个系数：

$$R=e^{-z}$$

式中：e为自然对数底；$z=b_1 \cdot x_1+b_2 \cdot x_2+\cdots+b_n \cdot x_n+a$；$x_1$，…，$x_n$ 为重要物化参数；b_1，…，b_n 为回归系数；a 是常数。

由于栖息地适宜度主要表征环境条件对目标物种的适宜程度，目标物种的确定是栖息地适宜度研究的重要基础。总结已有研究可看出目标物种的确定应满足以下原则：对环境条件相对敏感，适应较清洁水生环境；与物种种类或特定生命阶段相关；根据河段环境条件，考虑物种个体大小和移动性；考虑生物食性和在生态系统中的作用。

针对当前河流普遍存在的水动力条件弱、人为干扰较强等特点，选取目标底栖动物应满足以下筛选原则：其一，水动力条件较弱，选取适应中等流速水体的大型底栖动物；其二，水体污染较重，选取适应中等或偏清洁水体的底栖动物；其三，缺少洄游性或珍稀鱼类，选取调查河段鱼类的普食性底栖动物；其四，选取研究区域的优势种群作为目标物种；其五，已有目标物种栖息地适宜度曲线，可比较分析基础上缩小特定种群的适宜度范围，或对其他环境要素条件进行补充。

在考虑目标物种基础上，大型底栖动物群落结构和功能特征的适宜度也具有重要意义，其中摄食方式是反映物种对环境条件适宜与否的典型特征，利用其摄食等功能特性可以使我们更加充分了解控制底栖动物分布的机理。根据动物的摄食对象和摄食方法的差异，底栖动物主要可分为撕食者（Shredder）、集食者［Collector（牧食收集者 Collector - gatherer 和滤食收集者 Collector - filterer)］、刮食者（Scraper）、捕食者（Predator）、寄生者（Parasite）、杂食者（Omnivore）共6～7类不同的功能摄食组（Functional Feeding Groups）。

流速、基质等环境因素影响底栖动物摄食方式，决定了底栖动物功能摄食类群组成。一般来说，平原河流（特别是城市河段）以淤泥基质为主，有机营养物质较多，可为收集者和滤食者提供丰富的食物来源；山区河流很多以卵石基质为主，表面着生的底栖藻类能够满足刮食者的摄食需求。此外，卵石能够支持以刮食者为食的更高营养级物种的生存繁殖，形成复杂的食物链，进而提高大型底栖动物群落结构的多样性。

6.1.3.3　栖息地模块构建

对调查代表性点位描绘的每个中尺度栖息地，确定其不适宜/适宜/最适。用逻辑回归对实测数据进行分析，各类别是目标物种是否存在/丰度高低的可能性函数。目标物种存在可能性由下式确定：

$$p=\frac{1}{1+e^{-z}}$$

式中：P 为存在/丰度高的可能性；$z=b_1\cdot x_1+b_2\cdot x_2+\cdots+b_n\cdot x_n+a$；$x_1$，…，$x_n$ 为重要物化参数；b_1，…，b_n 为回归系数；a 为常数。

可能性通过预测存在和丰度的相对操作特性（ROC）曲线来对适宜度类型进行分类。分散节点概率（P_t）用于存在和丰度模型。存在可能性高于 P_t 的栖息地分为适宜性栖息地，具有高于选定 P_t 的丰度较高的适宜性栖息地视为最适栖息地。运用这些原则，在栖息地地图上可显示测定流量条件下高适宜度栖息地区域。总结河道各点位特定流量下，具有特定物种、特定生命阶段适宜或最适栖息地比例，获得两流量特性曲线，分别为适宜性和最适性栖息地；将最适栖息地权重设为 0.75，适宜栖息地设为 0.25，从而将两栖息地聚合为有效栖息地。此处权重因子的设定是为确保河流中最适栖息地的高贡献率。用插值方法计算常出现流量下的栖息地数值，用适当的线性曲线函数在不同流量下插值栖息地数值，用于构建目标物种及其特定生命阶段的流量/栖息地特性曲线。这些结果可用于分析河段内各物种适宜度。

6.1.3.4 樟江河段栖息地模型结果

在河道流量增加情景下，水面面积增加，可为底栖生物提供的潜在栖息地范围同时增加，在流量从 2.5m³/s 增加到 10m³/s 的区间，水面面积占流域面积线性增长，在河流流量超过 10m³/s 后，水面面积的占比稳定在 77%左右。出现一种或多种无论数量多少底栖生物的区域，即能够发现底栖生物的区域定义为底栖生物栖息地，而出现具有一定数量并有稳定群落结构的区域为底栖生物群落栖息地。河流流量 10m³/s 左右时，底栖生物栖息地，即能发现底栖生物的面积比例最大，为 58%；流量继续增大，底栖生物栖息地面积比反而降低。底栖生物群落栖息地面积比在低流量时较低，流量增加后，稳定到 35%左右。如图 6.7 所示。

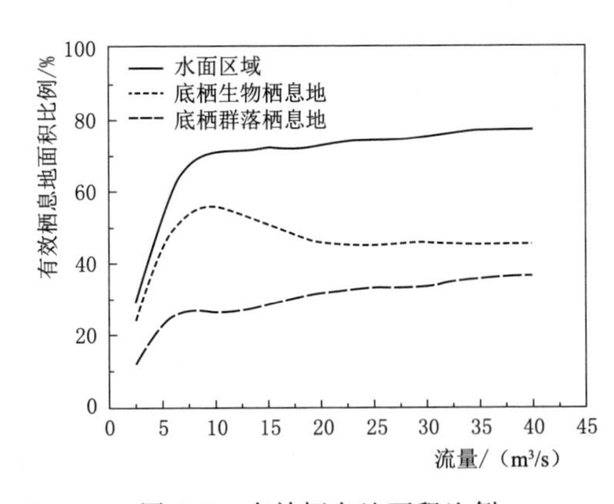

图 6.7 有效栖息地面积比例

在河道不同流量情景中，底栖生物群落组成存在差异。理想底栖生物群落组成为寡毛纲占 39%，腹足纲占 20%，摇蚊科占 13%，瓣鳃纲占 10%，昆虫纲占 6%，甲壳纲占 6%，蛭纲占 5%。本研究基础调查的底栖生物群落组成中腹足纲占比较大，占 50%。而在低流量、中等流量与高流量模拟情景中，瓣鳃纲所占的比例上升，成为主要优势种。如图 6.8 所示。

不同种类的底栖生物对流量的适应关系差异显著（图 6.9），流量从 2.5m³/s

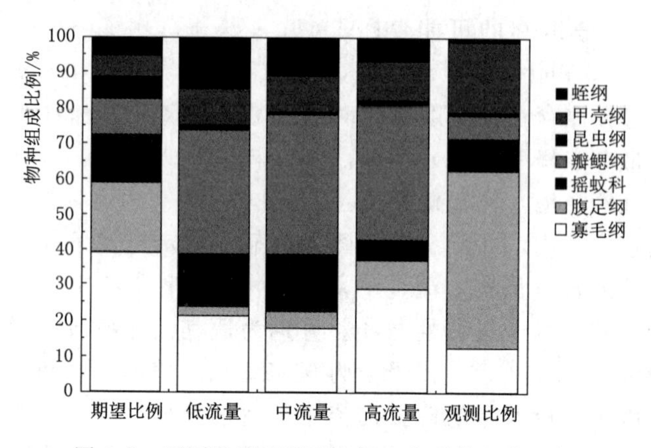

图 6.8　不同流量情景下底栖生物群落组成比例

增加到 $10m^3/s$，各种底栖生物的有效栖息地占比均有所增加。在流量继续增加后，腹足纲和昆虫纲有效栖息地面积比例下降；寡毛纲、瓣鳃纲和摇蚊科效栖息地面积比例增加；蛭纲在流量 $20m^3/s$ 时达到最大，流量超过 $20m^3/s$ 后快速下降。最适宜栖息地面积占比对有效栖息地面积占比的变化规律基本一致，但寡毛纲、蛭纲和昆虫纲的最适宜栖息地面积要显著小于有效栖息地面积（图 6.10）。

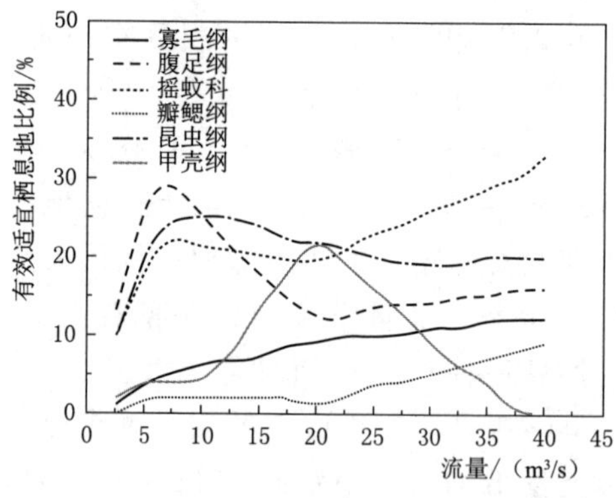

图 6.9　不同流量情景下底栖生物有效栖息地比例变化规律

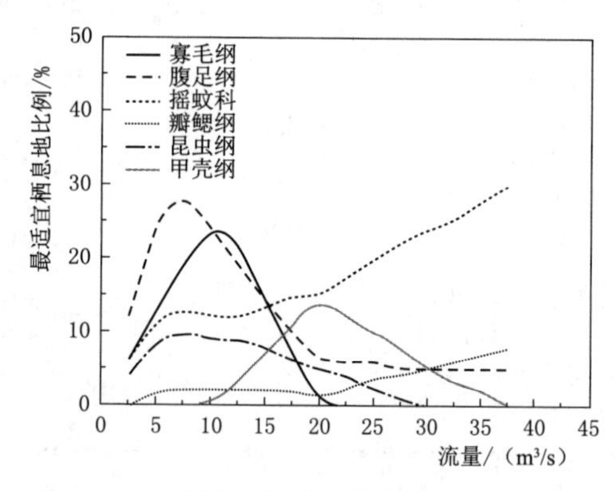

图 6.10　不同流量情景下底栖生物最适栖息地比例变化规律

6.2　内河航道建设工程的生态影响与修复

内河航道工程的建设、运行造成了河流形态的变迁，也对航道内河滨带生态环境造成了显著影响。而大型底栖动物群落长期生活在水体底泥中，具有迁移能力弱、区域指示性强等特点，对水体环境污染与改变通常不具有或很少有逃避能力，一旦大型底栖动物群落受到环境影响，其重建、恢复过程需要较长的时间。同时，大型底栖动物多数种类体型较大，容易辨认，不同种类的大型底栖动物对环境条件的适应性、污染的敏感程度也有所不同。因此，本部分研究依据大型底栖动物群落以上特点，利用大型底栖动物种群结构、栖息密度和多样性等群落结构指标能够较好地反映河流形态改变之后河流生态系统的健康状况[38-39]。

6.2.1 航道工程建设对大型底栖动物的影响

内河航道工程建设的疏浚、护岸、筑坝、护滩工程会导致河道的渠道化，各种工程措施的实施会导致河道水体的扰动、水体中含沙量明显增加，对位于工程区域内的河道生态环境有较大的影响。自然河流的河床与河岸物质构成复杂，在与河流水体的长期相互作用过程中，构成了一个相对稳定的复杂生态系统。已有研究表明，内河航道工程建设对河流自然生态系统有着显著的胁迫作用，通常会导致河流的生态环境质量的持续恶化。为了高效开发河流的航运功能，航道建设过程中选取的各种工程措施、工程结构型式和材料多注重安全经济、施工效率，忽视了工程建设的生态效应，致使樟江航道内河滨带大型底栖动物群落密度与多样性受到不同程度的影响。航道工程建设对大型底栖动物群落的影响主要表现在以下几方面。

1）航道建设过程中，对航道的裁弯取直和束窄加深，使得河流自然形态发生显著改变，河道断面呈现均一化趋势，水动力条件的改变必然影响到河道内营养物质的转化过程、水生生物多样性水平，进而影响到大型底栖动物的群落结构。

2）用石块、混凝土等型式的高强度材料对河床、岸坡进行硬化覆盖，改变了河岸带的覆被类型，破坏了大型底栖动物栖息地，造成大型底栖动物栖息密度与多样性的显著降低。

3）丁坝等航道构筑物的建设，损坏了河流的连续性，改变了部分河段水流的流场分布、流速、水深等水文过程，阻隔了河道上下游之间的生态过程，不利于水生生物的定植过程，如河流鱼类的洄游、大型底栖动物的繁衍迁移过程等。

6.2.2 航道内水体环境对大型底栖动物的影响

当前内河航道建设施工期内的环境管理与监督仍处于不规范的阶段，由于受航道建设各种工程措施、施工机械及水流条件等因素的影响，航道工程区域范围内的河道水质条件产生较大的改变，航道疏浚、筑坝、导流、护岸、护滩等工程措施，造成工程区域内河道的水动力条件发生变化，导致局部河段水体浑浊、溶解氧降低，甚至在局部河段出现冲淤变化，对工程区域的生态环境有较大的影响。水体悬浮物、各类型污染物的释放源强、扩散范围及浓度分布随着工程建设开展而变化，造成严重的水体污染。航道内水体的物理指标、化学指标的改变也将会扰动大型底栖动物的群落结构、空间分布和多样性水平。航道内生境条件的恶化，致使工程范围内的河段不再具备大型底栖动物群落的栖息地特征，从而导致部分大型底栖动物群落难以继续存活，造成大型底栖动物种类与数量减少。研究表明。工程区域内水体的悬浮物浓度显著提升，使得航道内的浮游生物由于水体理化性质恶化而显著减少，破坏了部分河段内水生生物食物链的完整性，造成整个工程区域内的水生生物总量的降低。同时，也会导致大型底栖动物群落的数量显著减少。

6.2.3　船舶通航对大型底栖动物的影响

目前，虽然樟江航道通航能力有限，但通航船舶主要类型为小型货船、渔船、小型游船、小型采砂船等。通航船舶的溢油污水、生活污水、固体垃圾、噪声、废气对航道水环境的影响问题不容忽视，也是干扰航道内大型底栖动物群落的关键环境因子。船舶污水的无序排放对水体产生一定程度的污染，当通航船舶排放的污水量远远超过水体的环境容量，将会直接损害通航水域的水体环境，造成局部水域环境的污染，导致通航河段内的水体和周边生态环境恶化。通过开展樟江航道水质和环境退化对河滨带大型底栖动物群落结构影响的研究可以发现，樟江航道水体中的溶解氧量与大型底栖动物群落有着明显的影响作用，其中溶解氧含量在一定程度上与大型底栖动物群落多样性水平有着正相关关系。船舶航行过程中，船舶柴油发动机工作时产生的有害污染物主要包括 NO_X、SO_X、CO 和未燃烧的碳氢化合物（HC）等，加之大量的生活污水、固体垃圾排放入河，各种外部因素会扰动航道水体中的氮、磷等营养盐含量。而河滨带大型底栖动物群落结构受航道水体中的氮、磷等营养盐含量的显著影响，当河流水体中的总氮与总磷的含量超过阈值时，会造成河滨带大型底栖动物群落结构的严重损坏与退化。因此，内河航道建设过程中不但要因地制宜地制定船舶运行的科学调度制度，还需要开展绿色船舶设计，通航船舶的船体尽量采用环境友好材料，将船舶的能源广泛选取为清洁能源，提升船舶的节能减排水平，与当地环境相协调、适应，稳步推进生态航道建设过程。

6.2.4　内河航道建设工程的管理与生态修复机制

在内河航道建设工程实施过程中，减缓航道建设对河流生态系统负面影响的关键措施是：①在实际工程建设过程中，施行全过程工程管理与监管模式，选择科学合理建设方式与工程措施进行航道建设，尽量采用对河流生态环境影响较小的施工方式；②通过工程前后生境质量对比，评估工程对河流自然生态系统的损坏程度，提出适宜的河流生态保护和修复措施。

首先，在航道工程建设施工之前，针对性地对工程区域范围内的河段进行生态调查，生态调查内容主要包括水文情势（流速、水深等）、水质指标（悬浮物、溶解氧、总磷、总氮等)、河床基质情况、水生生物状况（以大型底栖动物、鱼类为主）。同时根据当地生态环境特性，确定工程区域内关键的水生生物保护对象，便于选取适宜性的生态修复措施，也利于明确航道的生态修复目标。其次，航道建设各类型施工方案的设计，需要从河流生态保护角度进行优化选择，从源头上控制航道工程对河流生态的负面影响。具体地，航道构筑物的生态优化设计包括生态环保型建筑材料、新型结构的工程构筑物等，在保障航道工程效益的前提下，尽量控制工程建设对河流的影响范围，尽量保护水生生物的栖息地；再次，对航道建设工程进行科学合理的过程控制，严格控制工程建设过程，合理安排工程进度，减小航道建设对河流生态系统的损坏。工程建设时间尽量避开鱼类洄游期，同时尽量选择在丰水期进行工程施工，尽量缩短航道建设工程工期。同时也要保证工程质量，合理处置航道构筑物建设、航道疏浚过程中的弃土与建筑废料，减小其对河流生态环境的影响；最后，加强工程建设过程中的河流生态监控，对工程范围内的水域及其上下游范围内河段内的水生生物进行长期监测，将工程前后水生生物生物量的损失率控制于10%以内，并对损失较大的关键水生生物进行针对性的恢复，促进大型底栖动物群落的恢复过程，修复河流生态系统受损的生物链。

6.3 内河生态航道评价表征指标的选取

在野外实地调研与数据分析的基础上，经过系统分析筛选之后，针对航道规划、航道建设、航道运营、航道生态、航道水环境、航道监管、航道服务等方面总共选取了18个生态航道评价表征指标类群（表6.7）。在具体评价航道生态状况时，可以根据航道建设范围内河流的实际情况、评价的便捷性等因素，对指标适当取舍，以突出评价航道的特点。通用指标对绝大多数航道都是适用的，可选指标则根据河流的实际情况灵活选择，这就要求在对一条河流进行指标选取时，参考该河流的实际功能区需求，适当取舍。例如，对于已通航的河流，则需要选择此项指标体现社会属性层面上的需求；对于航道建设阶段的河流，需要着重关注河流生态指标，其他具有区域性特征的表征指标的筛选方法与以上研究相同。

表6.7　　生态航道评价表征指标

航道建设与管理过程	表征指标	评　价　内　容
航道规划	水系连通性	航道建设对河流纵向连通性的改变
	航道安全设施完整性	防洪、航标设施完善，减少建设影响
	通航水深保障率	合理避开生态敏感区，降低航道干扰

续表

航道建设与管理过程	表征指标	评 价 内 容
航道建设	生态岸坡建设率	航道岸线整治、比降等地貌形态变迁
	水资源开发利用率	航道工程建设对水资源的利用效率
	输沙用水量	工程措施影响底质组分、冲淤态势等
航道水环境	功能区水质达标率	总磷、总氮、氨氮、悬浮物、COD等
	溶解氧含量	航道工程建设对河流溶解氧量扰动
	饮用水安全保障率	航道建设与运行对饮用水安全的影响
航道生态	生物多样性水平	多样性、功能群、优势种群特征等
	栖息地适宜度	栖息地适宜度指数等
	生态流量满足度	生态流量是否保障河流生态系统过程
航道运营	绿色船舶利用率	节能减排、标准化船舶等控制措施
	航道利用率	航道客、货运输安全、效率等
航道监管	生态工程措施达标率	水体清洁、生物群落修复等维护措施
	管理制度	生态航道管理制度建立及行政监管
航道服务	景观多样性指数	岸线景观搭配协调程度
	航道文化代表性	区域代表性文化表现与宣传

本章主要介绍在樟江实地研究中选取内河生态航道评价表征指标并进行关键指标的研究与分析。樟江航道建设工程显著影响河流生态环境健康状况，在过去的几年中，樟江航道的河流形态与规模在人为因素的干扰下产生了极大的改变，闸坝建设、护岸工程、航道整治工程造成了河流形态的变迁，也对工程区域内河流生态环境造成了显著影响。因此，基于大型底栖动物群落以上特点，本章对航道工程影响下河流生态环境变化对大型底栖动物多样性的影响状况进行了研究。

通过对国内外内河航道建设情况进行深入的分析和研究，结合野外现场调查采样与室内分析，探明了航道建设背景下樟江航道生态环境背景概况，为航道建设影响生物群落分布的评价提供了数据基础与指标依据。明确了航道建设影响下河滨带大型底栖动物群落空间分布特征，根据不同航道建设时期典型大型底栖动物群落多样性水平，研究现有航道建设工程对河流生态系统的影响程度，并分析了河道内水文情势、不同工程建设时期河道状态、水质指标等环境因子变化对大型底栖动物群落结构与多样性的影响，利用大型底栖动物种群结构、栖息密度和多样性等群落结构指标能够较好地反映河流形态改变之后河流生态系统的健康状况，能够为生态航道评价表征指标筛选提供理论依据。

参 考 文 献

[1] Tricarico E.; Junqueira A. O. R.; Dudgeon D. Alien species in aquatic environments: a selective comparison of coastal and inland waters in tropical and temperate latitudes [J]. Aquatic Conservation - Marine and Freshwater Ecosystems, 2016 (26), 872 - 891.

[2] Sukhodolova T., Weber A., Zhang J. X., et al. Effects of macrophyte development on the oxygen metabolism of an urban river rehabilitation structure [J]. Science of The Total Environment, 2017 (574), 1125 - 1130.

[3] Verbrugge L. N. H., Schipper A. M., Huijbregts M. A. J., et al. Sensitivity of native and non - native mollusc species to changing river water temperature and salinity [J]. Biological Invasions, 2012 (14), 1187 - 1199.

[4] Aufdenkampe A. K., Mayorga E., Raymond P. A., et al. Riverine coupling of biogeochemical cycles between land, oceans, and atmosphere [J]. Frontiers in Ecology and the Environment, 2011 (9), 53 - 60.

[5] Barnes R. S. K., Barnes M. K. S. Hierarchical scales of spatial variation in the smaller surface and near - surface macrobenthos of a subtropical intertidal seagrass system in Moreton Bay, Queensland [J]. Hydrobiologia, 2011 (673), 169 - 178.

[6] Dilts T. E., Weisberg P. J., Leitner P., et al. Multiscale connectivity and graph theory highlight critical areas for conservation under climate change [J]. Ecological Applications, 2016 (26), 1223 - 1237.

[7] Rahman M. A., Jaumann L., Lerche N., et al. Selection of the Best Inland Waterway Structure: A Multicriteria Decision Analysis Approach [J]. Water Resources Management, 2015 (29), 2733 - 2749.

[8] Oliveira R. B. S., Baptista D. F., Mugnai R., et al. Towards rapid bioassessment of wadeable streams in Brazil: Development of the Guapiaçu - Macau Multimetric Index (GMMI) based on benthic macroinvertebrates [J]. Ecological Indicators, 2011 (11), 1584 - 1593.

[9] Gergs R., Koester M., Schulz R. S. Potential alteration of cross - ecosystem resource subsidies by an invasive aquatic macroinvertebrate: implications for the terrestrial food web [J]. Freshwater Biology, 2014 (59), 2645 - 2655.

[10] Rico A., Van den Brink P. J., Graf W., et al. Relative influence of chemical and non - chemical stressors on invertebrate communities: a case study in the Danube River [J]. Science of The Total Environment, 2016 (571), 1370 - 1382.

[11] Hawkins C. P., Yuan L. L. Multitaxon distribution models reveal severe alteration in the regional biodiversity of freshwater invertebrates [J]. Freshwater Science, 2016 (35), 1365 - 1376.

[12] Lintott P. R., Bunnefeld N., Park K. J. Opportunities for improving the foraging potential of urban waterways for bats [J]. Biological Conservation, 2015 (191),

224 - 233.

[13] Gabel F. , Garcis X. F. , Brauns M. , et al. Resistance to ship - induced waves of benthic invertebrates in various littoral habitats [J]. Freshwater Biology, 2008 (53), 1567 - 1578.

[14] Weber A. , Lautenbach S. , Wolter C. Improvement of aquatic vegetation in urban waterways using protected artificial shallows [J]. Ecological Engineering, 2012 (42), 160 - 167.

[15] Liedermann M. , Tritthart M. , Gmeiner P. , et al. Typification of vessel - induced waves and their interaction with different bank types, including management implications for river restoration projects [J]. Hydrobiologia, 2014 (729), 17 - 31.

[16] Baur B. , Schmidlin S. (2007) Effects of invasive non - native species on the native biodiversity in the river Rhine [J]. Biological Invasions, 2007, 257 - 273.

[17] Habersack H. , Hein T. , Stanica A. , et al. Challenges of river basin management: Current status of, and prospects for, the River Danube from a river engineering perspective [J]. Science of The Total Environment, 2016 (543), 828 - 845.

[18] Cron N. , Quick I. , Zumbroich T. Assessing and predicting the hydromorphological and ecological quality of federal waterways in Germany: development of a methodological framework [J]. Hydrobiologia, 2015 (1), 1 - 13.

[19] Navarro - Llacer C. , Baeza D. , de las Heras J. Assessment of regulated rivers with indices based on macroinvertebrates, fish and riparian forest in the southeast of Spain [J]. Ecological Indicators, 2010 (10), 935 - 942.

[20] Kreutzweiser, D. , Muto E. , Holmes S. , et al. Effects of upland clear cutting and riparian partial harvesting on leaf pack breakdown and aquatic invertebrates in boreal forest streams [J]. Freshwater Biology, 2010 (55), 2238 - 2252.

[21] Nagelkerken I. , Blaber S. J. M. , Bouillon S. , et al. The habitat function of mangroves for terrestrial and marine fauna: A review [J]. Aquatic Botany, 2008 (89), 155 - 185.

[22] Buffagni A. , Crosa G. , Harper D. M. , et al. Using macroinvertebrate species assemblages to identify river channel habitat units: an application of the functional habitats concept to a large, unpolluted Italian river (River Ticino, Northern Italy) [J]. Hydrobiologia, 2000 (435), 213 - 225.

[23] Kosnicki E. , Sefick S. A. , Paller M. H. , et al. A Stream Multimetric Macroinvertebrate Index (MMI) for the Sand Hills Ecoregion of the Southeastern Plains, USA [J]. Environmental Management, 2016 (58), 741 - 751.

[24] ter Braak C. J. F. & Smilauer P. CANOCO Reference Manual and CanoDraw for Windows User's Guide, Software for Canonical Community Ordination (Version 4. 5) [A]. Microcomputer Power: Ithaca, NY, USA, 2002.

[25] Feld C. K. , Bello F. , Doledec S. Biodiversity of traits and species both show weak responses to hydromorphological alteration in lowland river macroinvertebrates [J]. Freshwater Biology, 2014 (59), 233 - 248.

[26] Mantyka - Pringle C. S. , Martin T. G. , Moffatt D. B. , et al. Understanding and

Predicting the Combined Effects of Climate Change and Land - Use Change on Freshwater Macroinvertebrates and Fish [J]. Journal of Applied Ecology, 2014 (51), 572 - 581.

[27] Legendre P., Caceres M. Beta diversity as the variance of community data: dissimilarity coefficients and partitioning [J]. Ecology Letters, 2013 (16), 951 - 963.

[28] Soininen J. A quantitative analysis of species sorting across organisms and ecosystems [J]. Ecology, 2014 (95), 3284 - 3292.

[29] Pinto U., Maheshwari B. L. River health assessment in peri - urban landscapes: An application of multivariate analysis to identify the key variables [J]. Water Research, 2011 (45), 3915 - 3924.

[30] Bunn S. E., Abal E. G., Smith M. J., et al. Integration of science and monitoring of river ecosystem health to guide investments in catchment protection and rehabilitation [J]. Freshwater Biology, 2010 (55), 223 - 240.

[31] Norris R. H., Linke S., Prosser I., et al. Very - broad - scale assessment of human impacts on river condition [J]. Freshwater Biology, 2007 (52), 959 - 976.

[32] Ysebaert T., Herman P. M. J., Meire P., et al. Large - scale spatial patterns in estuaries: estuarine macrobenthic communities in the Schelde estuary, NW Europe [J]. Estuarine Coastal and Shelf Science, 2003 (57), 335 - 355.

[33] Martel N., Rodriguez M. A., Bérubé P. Multi - scale analysis of responses of stream macrobenthos to forestry activities and environmental context [J]. Freshwater Biology, 2007 (52), 85 - 97.

[34] Stewart B. A. An assessment of the impacts of timber plantations on water quality and biodiversity values of Marbellup Brook, Western Australia [J]. Environmental Monitoring and Assessment, 2011 (173), 941 - 953.

[35] Langston W. J., O'Hara S., Pope N. D., et al. Bioaccumulation surveillance in Milford Haven Waterway [J]. Environmental Monitoring and Assessment, 2012 (184), 289 - 311.

[36] Launois L., Veslot J., Irz P. Development of a fish - based index (FBI) of biotic integrity for French lakes using the hindcasting approach [J]. Ecological Indicators, 2011 (11), 1572 - 1583.

[37] Holmes R. W., Anderson B. S., Phillips B. M., et al. Connor V. Statewide Investigation of the Role of Pyrethroid Pesticides in Sediment Toxicity in California's Urban Waterways [J]. Environmental Science & Technology 2008 (42), 7003 - 7009.

[38] Nishijima W., Nakano Y., Nakai S., et al. Macrobenthic succession and characteristics of a man - made intertidal sandflat constructed in the diversion channel of the Ohta River Estuary [J]. Marine Pollution Bulletin, 2014 (82), 101 - 108.

[39] Saxena G., Marzinelli E. M., Naing N. N., et al. Metagenomics Reveals the Influence of Land Use and Rain on the Benthic Microbial Communities in a Tropical Urban Waterway [J]. Environmental Science & Technology, 2015 (49), 1462 - 1471.

第7章　生态航道建设评价案例

本章选取贵州省樟江流域为案例区详细说明生态航道建设评价内容。贵州省境内河流众多，分属长江和珠江水系，赤水河、乌江和南、北盘江及红水河等主要河流通江达海、沟通东部地区，沿河两岸的矿产、旅游等资源富集，流域面积在1000km^{2}以上的河流有61条，其中流域面积在10000km^{2}以上的河流有7条；长度100km以上的河流有33条，同时拥有众多库区，具备发展内河航运的自然条件。同时，内河航运在山区省份贵州的综合交通运输体系中，对国民经济发展具有重要作用，生态航道的建设可促进沿河土地开发和经济发展，是促进贵州区域经济良好较快发展的新引擎[1-3]。

樟江流经贵州省荔波县，荔波县风景秀丽，具有得天独厚的旅游资源，近年来荔波县旅游人数增长迅速，根据统计资料显示：2016年旅游客运量为578.66万人次，2017年旅游客运量为729.69万人次。旅游客运量的快速增长给基础设施不完善的荔波县带来巨大的压力，然而，作为连接荔波县城至大、小七孔景区的樟江河尚未得到充分、合理的开发利用。水运交通适合于樟江河的经济发展、旅游发展模式，尤其是可以缓解区域内公路运输压力。樟江航道建设与城乡公路网络的合理连接，能够有效提高樟江流域内的水陆联运能力，推进樟江航运快速、健康发展，提高当地居民的出行安全，促进樟江旅游高效、稳定发展，充分发挥樟江航运的内在潜力。因此，樟江生态航道基础设施的科学、合理建设，对发展生态旅游、地区经济发展、生态景观改善、降低运营成本等各方面都具有重要的意义，樟江航道建设亟待科学评估与监管。

本章以贵州樟江航道为研究区，在前期航道综合规划、航道工程建设与运行对河流生态系统影响研究的基础上，运用内河生态航道评价指标体系对樟江航道健康度进行评价，分析樟江航道生态健康状况，并针对樟江航道生态健康存在的问题提出具体的修复与改善措施。生态航道的评价结果可作为内河航道管理的有效决策依据，旨在推动生态航道相关理论和技术的发展，为内河航道生态修复、科学调度和可持续管理提供理论与技术支持。

7.1　樟江航道概况

樟江属珠江流域西江水系，位于打狗河上游，源头分为水昔河、水便河两支，其中水昔河为干流，水便河为右岸一级支流。水昔河发源于榕江、从江、荔波三县交汇的月亮山南麓（海拔 1490m），由东北向西南，与北来的水便河汇合之后称为樟江；再折向南流，经水春、龙王洞、荔波县城，于王蒙接纳北来的方村河，西来的小七孔河称为打狗河；继续向南流排入广西壮族自治区境内，再于更脚进入贵州省，最后在俞家进入广西壮族自治区境内。水便河发源于三都县板苗（海拔 737m），由北流向南。

樟江集水面积为 1498.5km^2，干流全长 100.6km，总落差 1103m；流域总体呈东北西南向，酷似扇形；水昔河主河道长 49.15km，平均坡降 6.03‰，集水面积 461km^2；水便河主河道长 45.4km，呈南北走向，平均坡降 4.3‰，流域积水面积 515km^2，两河在水春上游岔河口汇合后成为樟江。樟江流域处于贵州高原向广西丘陵过渡的斜坡地带，以三都境内的尧吕大坡—水龙大坡—瑶人山一线与都柳江分界，属低丘陵缓坡地貌。以水昔河发源地荔波、榕江、从江交界处月亮山为最高，海拔 1490.3m。地势自北向南缓缓降低，以中低山地貌为主，一般山峰海拔 600～900m，谷底标高 440～560m，河谷切割深度可达 300m 以上。

樟江流域内自然条件比较好，航道工程建设河段内地形、地貌及底质条件已处于相对稳定状态，发生地震、河岸崩塌、岸坡塌方、泥石流等底质或自然灾害的概率不大，河段内的泥沙淤积量有限；区域内气象条件较好，四季分明。航道工程的对外交通等建设条件良好，目前不存在影响或制约工程建设的因素，但项目在实施过程中，应做好各项施工方案，控制水土流失，加强水保、环保工程措施，做好防灾、减灾等各项预备工作，回避可能在航道工程建设中产生的安全隐患，保障工程发挥最大的经济效益与社会效益。樟江航道工程河段位于樟江下游的荔波县城西南 31.04km 范围内。

7.1.1 航道演变及碍航特性

（1）研究区域内河段长 31.04km，基本为天然河道，河床以卵石和粗砂为主，河道狭窄弯曲，流量小，浅滩水浅。主河槽一般为“U”形，枯水水面比降不大，加之中枯水期泥沙来沙量很小，几乎为清水，中枯水期来沙较少，河床变形主要为洪水期来沙影响。该河段先后修建 6 道灌溉漫水坝，主要用于当地居民抽水灌溉，灌溉漫水坝的修建，在临近坝的上游产生了一定的淤积，改变了天然河道原有的冲、淤平衡。通过实地考察，樟江流域内多年来未发生较大变化，河床结构稳定。

（2）樟江属柳江水系打狗河一级支流，河流旅游资源、水资源丰富，是荔波县生产、生活取水的主要河流，因河流蜿蜒曲折时而峡谷、时而宽阔，当地居民仅在部门河段短距离实现通航，受枯季来水减少影响，通航河段运行时间较短。樟江航道工程范围内河段受河流地形、流量、漫水坝、人行便桥、河滩漫地及部分河段受泥沙淤积的影响，不具备整段河流通航要求。需要采取梯级渠化工程抬高水位，增加通航水深，同时采取一定的航道整治工程措施以及增加过船设施，能够满足设计船型通航要求。

7.1.2　水文情势

1. 水位流量关系

根据荔波水文站 1961—2013 年流量资料统计显示：樟江多年平均流量为 28.8m^3/s，其多年平均最小日流量为 1.8m^3/s。樟江水位历年监测最低水位 409.02m，最高水位 422.27m，水位变幅达 13.25m。比较分析樟江实测断面资料，樟江断面冲淤变化较小，处于基本稳定状态。

根据荔波水文站 1961—2009 年历年流量集合枯水径流分析计算，按照面积比拟荔波站历时流量成果，推算樟江各坝址历时流量，具体见表 7.1。

表 7.1　荔波水文站及各坝位历时流量表　单位：m^3/s

序号	历时	荔波水文站	朝阳	下冷	拉柳
1	最大	532	556	650	1250
2	15	150	157	183	352
3	30	79.5	83.1	97.2	186.8
4	60	42.2	44.1	51.6	99.2
5	90	29.6	30.9	36.2	69.5
6	120	18	18.8	22	42.3
7	150	11.6	12.1	14.2	27.3
8	180	8.15	8.5	10.	19.1
9	210	5.8	6.06	7.09	13.63
10	240	4.43	4.63	5.42	10.41
11	270	3.14	3.28	3.84	7.38
12	300	2.9	3.03	3.55	6.81
13	330	2.52	2.64	3.08	5.92
14	最小	1.57	1.64	1.92	3.69

保障率在 90%时，朝阳、下冷、拉柳流量分别为 2.64m^3/s、3.08m^3/s、5.92m^3/s。可以看出樟江部分河段流量较小，需要筑坝雍高水务才能满足航道通航要求。对拉柳坝进行水位-流量关系计算，研究樟江河道的流量功能，如图 7.1 所示。

2. 输沙量

樟江流域的泥沙主要来源于河道内的水力侵蚀，与暴雨强度、地形、土壤、植被、底质以及土地利用情况有关，每年雨季即是流域的产沙季节，一般来说，每年第一、第二次洪水或久旱后的暴雨洪水含沙量较大。流域内植被良好，岩溶发育。根据荔波水文站多年来实测泥沙资料统计，其多年平均输沙量 11.07

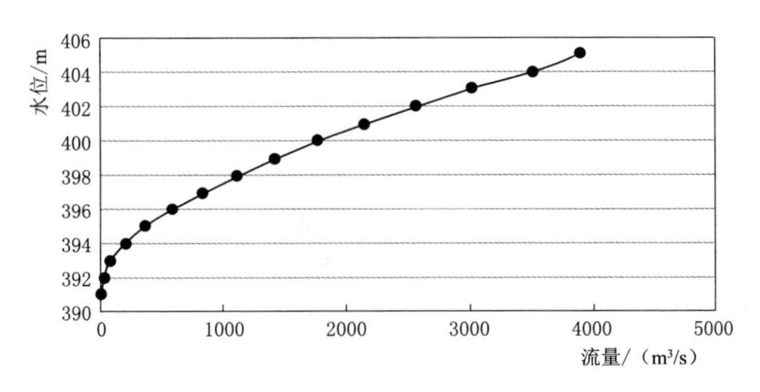

图 7.1 拉柳坝址断面水位-流量关系曲线图

万 m^3，多年平均悬移质含沙量为 0.106kg/m^3，悬移质输沙模数为 80.2t/m^3，属于贵州省低值区。河流输沙主要集中在汛期的洪水季节，洪水过后水质逐渐清澈，枯水期泥沙含量较低。依据《贵州省地表水》等值线图，樟江流域大部分地区悬移质输沙模数在 50～100t/km^2 之间。樟江航道工程建设各坝址的流域设计年输沙模数取值为 91t/km^2，推移质按悬移质的 10%计算，泥沙容重 r 取 1.3tm^3。则朝阳坝址平均年输沙量为 9.8 万 m^3；下冷坝址平均年输沙量为 11.4 万 m^3；拉柳坝址平均年输沙量为 21.9 万 m^3。

3. 雨洪情况

樟江流域内雨量充沛。樟江范围内降水主要集中在夏季。6—8 月各月雨量在 2000mm 以上，占全年总雨量的 50%左右；冬季（12—次年 2 月）仅占全年总雨量的 5%左右；秋季（9—11 月）占 15%左右；春季（3—5 月）海洋季风逐渐增强，降水占全年雨量的 30%左右。多年平均降水日数（日降水量≥0.1mm）为 164 天，日降水量≥10mm 的日数为 37 天，日降水量≥25.0mm 的日数为 14 天，暴雨日（日降水量≥50.0mm）为 4 天，最大一日降水量曾达 140.1mm。

樟江属山区雨源型河流，流域暴雨主要由冷风低槽和两高切变天气系统形成，属贵州省的暴雨高值区边缘，暴雨多集中在 5—8 月，占全年的 86.2%。樟江洪水特性主要取决于流域的暴雨产汇流特性。洪水的主要特征是峰高量不大，历时不长，洪水过程大都为单峰型，双峰、复峰很少。较大洪水过程多为 4 天左右。洪水陡涨缓落，涨峰历时在 12 小时左右。樟江一般 4 月下旬至 5 月上旬进入汛期，较大洪水一般自每年 5 月上旬开始，至 9 月上旬结束，5—8 月为暴雨洪水多发季节，约占 96.8%，同时以 6 月居多，约占 38.7%。

7.1.3 工程地质

1. 地形地貌

樟江航道工程位于贵州高原南部斜坡向广西丘陵盆地过渡地带，地势总体自北向南倾斜，海拔高程380～1000m。由北向南的樟江是工程范围内的主要河流。测区地貌类型为黔南山原、中山、低山、盆谷区，地貌受岩性、构造控制明显。砂页岩发育的山地、丘陵及河谷盆地与碳酸盐岩发育的岩溶地貌沿构造线相间分布。向斜成谷，背斜成山，主体山脉与水系构造线及岩层走向发育。工程区域内主要出露第四系（Q）、第三系（E）、三叠系（T）、二叠系（P）、石炭系（C），其中第四系（Q）、三叠系（T）为库坝区主要出露地层。工程区位于区域性褶皱荔波向斜西翼靠近核部地带，构造形迹主体呈NE-SW向展布，褶皱构造发育，岩层产状变化较大，断裂构造发育。

2. 水文地质条件

樟江航道工程区域内主要山峰、河谷的走向与背斜、向斜轴向一致，近为北东南西向展布，背斜宽坦形成山岭，向斜狭窄形成河谷，为一典型的隔槽式褶皱山区。区内北东南西构造控制了主要河流自北向南流，地下水径流运移同样受构造制约作用，一般在开阔的褶皱区，地下水在横向张裂隙、管道中赋存径流，紧密的背向斜，地下水则呈带状分布和顺走向径流。区内地下水总体流向与地表水流向一致。区内地下水的赋存形式有岩溶水、裂隙水及孔隙水三种，其中裂隙水为主，岩溶水次之，孔隙水仅零星分布于河床沉积之中，并以潜水形式存在。

7.1.4 通航标准与营运

1. 樟江航道等级

依据樟江航道现状、碍航情况、运输需求、航道建设条件及《贵州省内河航运发展规划》，荔波樟江航运建设工程按照内河Ⅶ-（2）级航道标准建设，通航50t级船舶，航道尺度为1.0m×24.0m×130.0m（水深×航宽×最小弯曲半径）。根据《内河通航标准》（GB 50139—2011）Ⅶ级航道净空尺度要求，单、双向通航孔净宽分别不小于20m、32m，净高不小于4.5m。结合樟江航道现有船型多为双层旅游船，推荐船型为60客位钢质双层船，船型尺度18.6m×3.6m×0.6m（长×宽×设计吃水），通航净高要求为6m。因此，在樟江航道河段内，规划或新建跨越通航河段的桥梁、管线等跨河建筑物通航净空尺度为净宽32m，净高6m。

2. 船型及营运组织方案

结合樟江现有的通航船型、预测客运量、航道条件等因素，樟江航道选定技术先进、营运经济合理的船型，整体控制航道通航的单位成本、营运费用，合理规划航道通航船型及其营运率，以达到提高船舶运输效率和经济效益的目的。樟江航道船型规划情况见表7.2。

表 7.2　　樟江航道船型规划情况

序号	船　型	总长/m	型宽/m	吃水/m	功率/kW
1	50t 级货船	32.5	5.5	0.7	2×62
2	20 客位旅游船	12	2.7	0.4	1×16
3	30 客位旅游船	16	3.1	0.5	1×16
4	40 客位普通船	20.2	3.1	0.5	2×37
5	50 客位普通船	20.5	3.1	0.5	2×37
6	60 客位客船	22.0	4.5	0.6	2×40
7	60 客位钢质双层船	18.6	3.6	0.6	2×40

7.1.5　航道工程

1. 整治工程

根据樟江航道整治工程的整治原则和整治标准，樟江航道整治范围主要包括各航段内存在的浅滩、暗礁、碍航建筑物进行整治。整治措施主要采取局部河段疏浚、零星清炸暗礁、拆除碍航建筑物以及生态护岸等工程措施，以消除碍航隐患，解决设计水位时局部航宽、航深和弯曲半径不足问题，使樟江航道的航宽、航深和弯曲半径满足Ⅶ级航道通航标准。

2. 建设规模

樟江航道工程建设规模为：按照内河Ⅶ级、通航 50t 级船舶标准建设，水位保证率 100%，通航保障率结合樟江水文、气象、工作水位以及季节等因素综合确定为 85%。樟江航道建设主要包括航道工程、航运梯级工程和支持保障系统工程。航道工程主要包括整治、疏浚、炸礁、航道管理与维护设施等。航运梯级工程包括挡、泄水建筑物和通航建筑物，主要是采取筑坝、修建过船设施等工程设计，以满足船舶通航。航道支持保障系统主要是巡航搜救一体化设施。

3. 航道线路布置

樟江航道线路布置综合考虑整治河段流速、比降、流态、滩险成因、碍航因素以及河床演变趋势等条件，充分利用主导河岸和固定节点，使弯道平顺连接，与中枯水流向基本一致进行规划选择；库区优良河段航道尽量顺直布置，并兼顾岸标布设的需要；对浅滩河段、水深满足航道要求但不富余河段，根据河床演变特点，尽量利用深槽进行布置航道线，减少航槽回淤；在布置桥区航道线时，桥区航道直线段长度原则上要满足桥梁上、下游分别不小于 4 倍、2 倍代表船型的长度要求进行布置；航道线布置尽量照顾沿线工矿企业码头作业要求，在河道狭窄河段尽量与两岸的山体、建筑物等保持一定安全距离，航道线布置尽量避免与之产生矛盾；在枢纽船闸上下游引航道口门区，航道线布置尽量与船闸引航道平顺、过渡衔接；在河段满足最小弯曲半径要求的前提下，航道线适当加大转弯半径，增强船舶适航性。

4. 护岸工程

樟江航道工程防护范围从河道实际出发，综合分析与研究河势演变、顶冲点的变化、陆地地形特点、植被情况、岸线现状等因素，确定航道工程的护岸范围及近岸河道生态防护岸线的合理衔接。樟江航道岸线生态防护工程要对凹岸或主流冲刷严重处加以防护，以控制河势，防止岸线崩塌，弯道发展，稳定水流动力轴线，保持岸线的稳定；近岸生态工程布置在生态护岸后侧一定宽度内，根据陆域地形即不同滨水区近岸地形特点，建立生态防护带，实现水土保持功能，防止岸线侵蚀，同时兼顾生态景观特点；护岸工程尽量与樟江沿线风景区植被相协调，生态护岸结构需考虑岸坡坡度及底质条件等因素，选取技术可行、经济合理的护岸工程方案，在减少工程造价的基础上，满足生态治理、景观提升的需求。

表 7.3　　樟江生态护岸工程规模

序号	工　程　名　称	里程/m	工程量/m^2	备　注
1	朝阳船闸两岸生态护岸工程	8350～9100	2400	每个船闸护岸长600m，每个大型停靠点护岸长300m，护岸宽度根据实际地形情况按3～5m考虑
2	板麦船闸两岸生态护岸工程	17150～18000	2400	
3	回龙阁停靠点两岸生态护岸工程	50～500	1200	
4	朝阳坝上停靠点两岸生态护岸工程	8100～8350	1200	
5	板麦停靠点两岸生态护岸工程	17100～17500	1200	
6	大七孔停靠点两岸生态护岸工程	27750～28350	1200	
7	朝阳江心洲雷诺护岸工程	8700～9100	4380	护岸长600m，护岸宽7.3m
8	六棱块生态护坡工程	20000～20250	3000	护岸长250m，护岸宽12m

7.2　樟江生态航道评价

为对樟江航道的生态环境状况进行评估，可根据其存在和可能出现的具体生态和环境问题、资料情况，从表征指标体系中选取18个指标用以诊断樟江航道的健康状况。确定樟江生态航道健康状况作为总体目标，采用层次分析法对评价指标数据进行分析。

判别樟江航道评价指标体系中各准则层中的指标重要性，通过参考各类行业标准、航道历史数据、年鉴、专家打分等方式明确准则层的相对重要性；之后采用Matlab数学工具建立其判断矩阵，对判断矩阵进行一致性检验，需保证判断矩阵的重要性排序符合逻辑规律[4-7]。通过计算各个判断矩阵的最大特征值

λ_{max} 及其所对应的归一化特征向量 $\boldsymbol{Q}$，并通过公式计算判断矩阵的一致性指标 $C.I.$（consistency index）和平均一致性指标 $R.I.$（random index）来开展判断矩阵的一致性检验，$C.I.$ 计算过程见式（7.1），依据判断矩阵不同阶数，即可得到平均随机一致性指标 $R.I.$。

$$C.I.=\frac{\lambda_{max}-n}{n-1} \tag{7.1}$$

之后通过计算一致性比例 $C.R.$（consistency ratio）进行判断，见式（7.2）。

$$C.R.=\frac{C.I.}{R.I.} \tag{7.2}$$

当 $C.R.<0.1$ 时，认为判断矩阵的一致性是可以接受的；当 $C.R.>0.1$ 时，认为判断矩阵不符合一致性要求，需要对该判断矩阵进行重新修正。

若判断一致性符合逻辑规律，如判断矩阵 **A** 重要程度高于 **B**，**B** 重要程度高于 **C**，则 **A** 重要性程度高于 **C**。则归一化特征向量 $\boldsymbol{Q}$ 的各个分量值就是各个评价指标的权重；若不合格，则需重新构造判断矩阵直至一致性指标合格为止。樟江生态航道评价指标体系权重见表 7.4。

表 7.4　樟江生态航道评价指标体系权重

目标层	准则层	指标层	指标权重
樟江生态航道健康指数	航道规划	水系连通性	0.0293
		航道安全设施完整性	0.0751
		通航水深保障率	0.0357
	航道建设	生态岸坡建设率	0.1322
		水资源开发利用率	0.0841
		输沙用水量	0.0739
	航道水环境状况	水功能区水质达标率	0.0462
		溶解氧含量	0.0754
		饮用水安全保障率	0.0363
	航道生态状况	生物多样性水平	0.0715
		栖息地适宜度	0.0481
		生态流量保障率	0.0638
	航道运营	绿色船舶利用率	0.0181
		航道利用率	0.0155
	航道监管	生态工程措施达标率	0.0602
		管理制度完善率	0.0377
	航道服务	景观多样性指数	0.0579
		航道文化代表性	0.0372

樟江流域内景点林立，风景秀丽，旅游资源丰富，樟江生态航道建设不仅要保障区域内的航运需求，还要与樟江流域内生态环境、景观文化功能协调发展；通过对荔波樟江流域统筹规划，除改善樟江航运条件、建设航道配套设施之外，还应当综合开发利用水资源，利用水资源发挥灌溉、发电等多方面效益。在保障樟江河流生态系统可持续发展的基础上，将航运效益发挥到最大。依据樟江航道工程的建设目的与工程规模，本章针对性地建立了樟江生态航道评价的指标体系，樟江生态航道指标体系包括樟江生态航道健康指数的目标层，7 种涉及航道建设、运营、管理等过程的准则层和 18 个评价指标的指标层。综合考虑樟江航道建设项目规划、实地调查数据、荔波水资源和环境公报、航道建设标准和航道管理制度等相关数据，依据本研究阐述的生态航道评价指标标准，结合层次分析法和综合指数评价方法对樟江航道的健康状况进行评估，结果表明樟江生态航道健康指数 *WEI* 为 3.41，樟江生态航道为中Ⅲ级生态航道。

樟江航道的通航状况随着航道整治与建设工程的推进而产生了显著改善，航道的疏浚工程、闸坝等航道构筑物工程使得樟江航道的水深达到设计要求，由于航道生态整治措施与生态护岸工程建设比例不足，对河流系统的自然地貌形态造成了显著影响，也影响了河流的自净功能，导致樟江河流生态功能一定程度上的衰退；同时，樟江航道内绿色船舶技术利用率略显不足，船舶运行期间存在污染情况，影响工程范围内河段水环境质量；航道整治对樟江河段施工区内的鱼类、大型底栖动物和当地典型水生生物造成了一定程度的影响，航道运营与管理过程中需及时开展生态补偿措施。总体上，樟江航道工程显著提升了河流航运功能，同时航道整治工程也对樟江河流生态与环境功能产生了负面影响，但樟江河流系统总体上处于较为稳定的状态，樟江航道的健康状态没有明显恶化的趋势，需对樟江航道的护岸、构筑物结构、船型优化等方面继续推进生态航道建设，使得樟江生态航道的航运功能与生态功能相协调发展。

7.3　樟江生态航道建设对策与建议

根据樟江生态航道评价结果，樟江航道目前处于中等生态航道状态。樟江水环境受到航道工程的影响，也在一定程度上破坏了樟江河流生态系统健康。在樟江航道运营、管理和维护过程中，需要针对樟江生态航道建设提出适宜性修复措施，控制航道范围内河段的生态退化趋势，改善樟江的局部污染状况。航道管理部门应加强樟江航道的管理与维护，制定、完善樟江生态航道管理措施，以提升樟江生态航道的建设水平。从樟江航道的评分结果可以看出，樟江河处于亚健康的状态，在指标体系的七个准则层中，对生态航道评价结果影响最大的是河流生态、环境状况。通过研究可以得出，影响樟江生态环境的主要因素有以下三点：一是由于樟江航道工程建设过程中，生态护岸技术与建设比率投入不足，造成河段地貌形态受损，同时对河流沿线农田径流带来的化肥、农药、农村人畜家禽粪便、生活垃圾等面源污染物的影响造成樟江水环境状况恶化；二是樟江航道建设与管理过程中生态型材的选用不足，降低了河流水体的自净能力，导致河流生态系统的衰退；三是樟江航道通航船型标准与绿色节能船型的研发与使用率不高，通航船舶废污水的污染，使樟江水质安全受到威胁。

由于樟江航道工程的航道整治生态结构和材料多围绕河岸防护方面的生态改善，缺少对河道内浅水生境的营造，保护形式较为单一，不利于河道内水生生物生境的保护与修复。因此，要保障樟江航道的可持续发展，需做到以下几点。

1. 改善樟江航道生态护岸技术

传统护岸材料主要包括水泥、沥青、浆砌或干砌块石结构、现浇或预制混凝土结构、钢筋混凝土结构、抛石、土工模袋等，这些工程材料通常具有型式单一、生态性差、景观效果不理想、资源耗费严重、环境条件模式化、生物种类单一化的缺点，阻断了动植物和微生物与陆地的生态循环，使河道中的生物、微生物失去了赖以生存的环境，致使河流生态系统遭到破坏[13-16]。樟江航道应尽量使用多自然型护岸，它是目前使用最为广泛的一种生态护岸型式。多自然型护岸较之自然原型护岸和自然型护岸具有更强的抗水流冲刷能力，能抵御更大速度的水流冲刷。同时也具备其他生态护岸所共有的生态效应、景观效应和自净效应。

樟江航道护岸工程应尽量采用生态环保型固化剂。固化剂以水泥主体掺入特殊的激发元素后制成的，其作用机理主要是固化剂中的水分子调节剂与土壤中的水分子形成化学键，对水分子有很强的吸附作用，利用土壤稳定固化，其中含有微晶核。通过晶核配位，在土颗粒孔隙中生成针状晶体，填充土体孔隙，形成骨架结构，固化剂中的固化分子通过交联形成三维网状结构，从而提高土壤的抗压、抗渗、抗折等性能指标。固化剂既具有硬化土壤表面与混凝土近似的性能，又具有软的下层近似于土壤的性能，所以使用固化剂的结果能够使河底土层表面结壳，从而达到既固土保沙，又使底层利于水生物繁衍生殖，满足生态需要。

航道的生态护岸工程应当大比例使用新型生态砖。生态砖是由水泥和粗骨料胶结而成的无砂大孔隙混凝土制成的块体，并在块体孔隙中充填腐殖土、种子、缓释肥料和保水剂等混合材料，粗骨料可以选用碎石、卵石、碎砖块、碎混凝土块等材料，粗骨料粒径应介于5～40mm之间，水泥通常采用普通硅酸盐水泥。生态砖的抗压强度主要取决于灰骨比、骨料种类、粒径、振捣程度等，一般在6.0～15.0MPa之间。如果在冬期进行施工，可适当加入早强剂。鱼巢砖由普通混凝土制成，在其底部可充填少量卵石、棕榈皮等，以作为鱼卵的载体。鱼巢砖上下可以咬合，从而可排列成一个整体。

樟江护岸工程建设过程中，应使用生态保护效果较好的格宾网箱。格宾网箱是由格宾网面构成的长方体箱形构件，由一定间隔大小的隔板组成若干个单元格，同时用钢丝对每个隔板的周边和面板的边端进行加固。在护岸施工现场再向格宾网箱里面填充石料。由于护岸地区、工程等级和类别各不相同，所采用的填料也不尽相同，常见的有碎石、片石、卵石、砂砾土石等。填料的大小一般是格宾网孔大小的1.5倍或2倍，也可以用其他材料如砖块、废弃的混凝土等。格宾网箱具有极佳的稳定性和整体性，网片由热轧钢丝拉伸后形成的网线，经热镀锌或复合防锈处理，再经聚氯乙烯覆塑处理后织成，因而具有非常高的强度和耐腐蚀性，在自然环境中一般可正常使用100年而不改变性状。同时，格宾网箱护岸结构能与当地的自然环境很好地融合，填料之间的空隙为水汽、养分提供了良好的通道，为水生生物提供了生长空间。这种结构抗冲刷能力非常强，具有很高的抗洪强度，适用于水量较大且流速较快的河道，且造价低廉。

2. 改进樟江生态航道整治工程措施

目前樟江航道整治中生态型坝体结构较少，应当加大航道中新型生态坝体的建设。传统的丁坝结构侧重于整治功能，现代河流治理通常采用抛石、混凝土或钢筋混凝土等半透水或无透水性人工材料进行加固处理。这种硬质结构最大的优点就是坚固、耐久；但它破坏了水-土-植物-生物之间形成的物质和能量循环系统，破坏了动植物的生存环境，同时也使河岸带丧失了生态功能和自净能力[17-18]。生态坝体结构包括透空型生态坝体、鱼巢式生态坝体和可拆卸式生态坝体。生态坝体关键技术主要研究透空型生态坝、鱼巢式生态坝和可拆卸式生态坝的结构型式（包括桩群坝、透水框架坝、空心方块等结构型式）及水沙特性，并分析其在生态方面的效应。结构优势：生态潜坝可以在坝体下游形成河流扰动，冲刷出深潭，对河溪深潭-浅滩的形成效果明显，有效提高栖息地的生物多样性；修建的自然材料相对比较便宜；在高流速的垮塌情况下，垮塌后的石块冲散于河床内，增加了河床底质形态的多样性，为鱼类和大型的无脊椎动物提供栖息。

传统的护滩方式主要有混凝土铰链排、X型排、软体排等，具有较好的保沙抗冲性及适应变形能力，同时也存在边沿易老化、系结条松开造成混凝土块移动、滑落，排体接缝强度达不到设计要求等问题，尤其是传统结构使水体与周围土壤及生物环境相分离，破坏了自然河道的生物链，由此带来的环境问题相当严重。加筋三维钢丝网垫是聚丙烯经过挤成单丝后无规则地叠成一定厚度并且通过热粘结成土工网垫，具有开敞式的三维空腔结构，孔隙率大于90%，同时通过专门的设备，将各种镀层（镀锌、镀高尔凡、镀10%铝锌合金、PVC覆塑）的双绞合六边形金属网复合到柔性垫中，广泛用于水土流失防治、河渠护坡、边坡绿化等领域。这种合成材料结合了三维结构麦克垫完美的抗侵蚀性能，以及马克菲尔钢丝网格出色的强度特点，具有机械张拉力并成为更强的防冲刷结构，从而更好地保证了位于滑坡面、路堤、排水渠、河道和其他易受冲刷破坏的表层土壤的稳定性，同时给植被提供永久的加筋作用，促进植物的生长。埋件等有效连接，一般无须采用复杂的连接工艺，施工简便。

樟江航道整治工程也应当选取新型生态型结构型材，如四面六边透水框架等材料。四面六边透水框架群并不是通过把防护对象和水流尽量隔离——阻水方式来实现对堤岸的防护，而是采用“亲水”式防护对堤防岸滩进行生态型防护。框架群不但可以通过内部空隙透水，而且也为底栖、浮游、附着生物提供栖息场所，为岸滩两栖生物提供生活通道。首先，四面六边透水框架是透水建筑物，能柔性地调整水流，且具有良好的稳定性，克服了实体坝的缺点；其次，它是钢筋混凝土结构，具备一定程度的结构耐久性。

3. 提升樟江航道通航船型标准与绿色节能船型技术

樟江生态航道的建设对航道通航船舶节能减排提出了更高的要求，需对樟江航道的船舶进行关于节能减排技术的提质升级，内河船舶的节能减排实现途径主要体现在降低船舶阻力、提高船舶推进效率、系统配置优化、节能设备研究、新型能源利用等；通航船舶油污水、生活污水和压载水处理新技术应用，柴油机排气后处理技术应用；新型绿色船舶应用以及船舶效能管理技术等方面[19-21]。同时，由于多种技术的叠加使用并不一定能产生最佳的效果，需根据樟江航道的区域特性明确各类型船舶改进实用技术的适用范围。樟江航道建设以畅通、高效、平安、绿色的现代化内河水运体系为目标，以提高通航船舶的安全、环保、节能与技术经济水平为核心，要不断提高船舶标准化水平，需从以下几方面改善樟江航道运力结构与技术水平：节能高效船舶开发、新型船舶动力类型、船机桨优化匹配、船舶推进节能装置应用、船舶电站效率提高、柴油机余热利用等几方面。通过创新通航船舶设计思路，采用新材料、新技术、新方法、新设备、新工艺、新能源等先进技术，通过技术集成研发樟江航道节能环保示范船型，引领内河船舶向绿色、高效、节能方向发展。

同时，樟江航道还需要开展航行调度节能管理工作。一是科学设计航线，做好航次测算，减少船舶空驶情况，合理安排船舶挂港顺序，减少挂港数量；二是认真指导船舶制订航次航行计划，选择最佳航线，充分利用风、流的有利因素提高通航船舶的航速，减少航行时间；三是合理调配航线运力，细致研究船型和能耗，在符合货载要求的前提下，分配航线运力时，尽量调配低油耗的船舶通航长航线及油价较高的地区，尽量安排油耗高的船舶通航短航线及燃油价格低的地区；四是知道船舶在确保安全的前提下，尽可能避免不必要的绕航，以节约船期和能耗。总体来说，樟江航道通航船型的研究应充分考虑航道-船舶-环境的匹配关系，需通过综合分析当前内河主要节能减排实用技术，采用先进的、生态型的设计技术与方法，设计适宜于樟江航道的通航船型标准及绿色节能船型。

总之，维系樟江生态航道健康发展的良好趋势，除了优化现有整治工程措施，还需进一步改进生态航道管理制度。针对生态航道管理的问题，建议逐步制订相关航道整治、运营规划，逐步修建生态护岸，修复樟江河流生态系统。此外，完善航道管理相关规章制度，加强航道管理与维护，建立航道管理、保护和利用相关部门的协同工作机制，同时规范船舶运行排污情况、杜绝对水域岸线的无序开发等行为，还要广泛开展以生态航道保护教育、宣传为主的活动，发挥新闻舆论的监督作用，营造社会公众积极维护生态航道的氛围，促使航道与周边生境的和谐共存。

参 考 文 献

[1] 曹利平. 浅析贵州山区航道提等升级过程中需要遇到的问题 [J]. 珠江水运，2013 (17)：56 - 57.

[2] 赵岸贵. 贵州山区航道整治设计原则与方法 [J]. 中国水运，2009，9 (8)：27 - 28.

[3] 赵岸贵. 自航式钻孔船、抓石船、运石船及绞滩机在贵州山区内河航道整治工程中的运用 [J]. 中国水运，2009，9 (8)：25 - 26.

[4] MERROUNI A A，ELALAOUI F E，MEZRHAD A，et al. Large scale PV sites selection by combining GIS and Analytical Hierarchy Process. Case study：Eastern Morocco [J]. Renewable energy，2018 (119)：863 - 873.

[5] MIGHTY M A. Site suitability and the analytic hierarchy process：how GIS analysis can improve the competitive advantage of the Jamaican coffee industry [J]. Applied geography，2015 (58)：84 - 93.

[6] WAN C P，ZHANG D，FANG H. Incorporating AHP and evidential reasoning for quantitative evaluation fo inland port performance [M] //LEE P T W，YANG Z L. Multi - Criteria Decision Making in Maritime Studies and Logistics. Springer，Cham，2017：151 - 173.

[7] PAK J Y，YEO G T，OH S W，et al. Port safety evaluation from a captain's perspective：the Korean experience [J]. Safety science，2015 (72)：172 - 181.

[8] LATHAM D，BUBB D，HARDY M，et al. A practical study of white - clawed crayfish (Austropotamobius pallipes) mitigation during in channel construction works，North - East England [J]. Water and environment journal，2016 (30)：128 - 134.

[9] KIM J Y，BHATTA K，RASTOGI G，et al. Application of multivariate analysis to determine spatial and temporal changes in water quality after new channel construction in the Chilika Lagoon [J]. Ecological engineering，2016 (90)：314 - 319.

[10] 王福振. 密西西比河流域水污染治理对太子河流域水污染治理的启示 [J]. 水资源开发与管理，2017 (7)：36 - 38.

[11] LI M G，CHEN J J ，XU A J，et al. Case study of innovative top - down construction method with channel - type excavation [J]. Journal of construction engineering and management，2014 (140)：102 - 113.

[12] FLINT N，ROLFE J，JONES C E，et al. An ecosystem health index for a large and variable river basin：methodology，challenges and continuous improvement in Queensland' s Fitzroy Basin [J]. Ecological indicators，2017 (73)：626 - 636.

[13] SADEK N，SLAMA R，KAMAL N. The effect of bank erosion and bend types on the effciency of dammitta branchnavigational path [C] //Eighteenth International Water Technology Conference，2015.

[14] PRASAD S K，INDULEKHA K P，BALAN K. Analysis of groyne placement on minimising river bank erosion [J]. Procedia technology，2016 (24)：47 - 53.

[15] 李晶，喻涛，王平义. 四面六边透水框架构筑心滩防护工程清水冲刷试验研究 [J]. 水利与建筑工程学报，2014，12 (4)：50 - 54.

[16] WEBER A，WOLTER C. Habitat rehabilitation for juvenile fish in urban waterways：a case study from Berlin，Germany [J]. Journal of applied ichthyology，2017 (33)：136 - 143.

[17] 张文生. 清溧河流域（许昌段）河道物理生境改善研究 [D]. 郑州：郑州大学，2018.

[18] 郑惊涛，陈婧，陈怡君，等. 透水框架坝在长江航道整治工程中的应用效果分析 [J]. 中国水运·航道科技，2018 (1)：68 - 73.

[19] 刘飞，林焰，王运龙，等. 提高新造船能效设计水平的多种新措施 [J]. 船舶工程，2011 (33)：6 - 9.

[20] LARSON P. A new era in green ship technology：exploring low - speed，dual fuel propulsion on the world's first LNG - powered containerships [J]. Marine technology，2015 (1)：34 - 39.

[21] DU Z F，ZHANG S，ZHOU Q J，et al. Hazardous materials analysis and disposal procedures during ship recycling [J]. Resources，conservation and recycling，2018 (131)：158 - 171.

第8章　生态航道建设未来展望

本书阐明了生态航道的内涵与特征，阐述了内河生态航道建设背景、内河生态航道建设目标，综合论述了内河生态航道建设相关工程措施与方法。在明晰内河生态航道建设内容及生态航道建设效果评价因子的基础上，系统地阐明了内河生态航道的理论框架。结合资料分析、理论研究、生态统计和现场调查研究相结合的技术手段，明确了内河生态航道指标选取原则，构建了内河生态航道评价指标体系。基于层次分析法确定指标的权重，使用综合评价法对贵州樟江航道的生态健康状况进行了评价，依据评价成果甄别当前樟江航道生态健康存在的问题，并对樟江生态航道建设提出适宜性的对策及工程措施。

(1) 综合分析内河航道建设对河流生态系统影响，阐明内河生态航建设的内涵与总体需求，构建了生态航道建设的理论框架，明确生态航道建设需重点关注的航道建设对河流生境影响机理、评价指标体系构建等关键科学问题。在之后的内河生态航道建设相关研究中，尚需深入研究内河生态航道建设理论与评价指标体系，使其在航道工程建设实践中得到进一步检验与完善，为内河生态航道建设在规划和实施层面提供理论与技术支撑。

(2) 通过对国内外内河航道建设情况进行深入分析和研究，结合野外现场调查采样与室内分析，探明了航道建设背景下樟江航道生态环境背景概况，研究现有航道建设工程对河流生态系统的影响程度，并分析了河道内水文情势、不同工程建设时期河道状态、水质指标等环境因子变化对大型底栖动物群落结构与多样性的影响，为航道建设影响生物群落分布的评价提供了数据基础与指标依据。研究表明利用水生生物种群结构、栖息密度和多样性等群落结构指标能够较好地反映河流形态改变之后河流生态系统的健康状况，能够为生态航道评价表征指标筛选提供理论依据。

(3) 在内河生态航道评价表征指标选取原则的基础上，对航道建设、运行、监管、航道水环境、航道生态状况、社会服务功能等各方面表征指标进行筛选，构建了内河生态航道评价指标体系，并阐明各表征指标的计算方法及其评价标准。选择层次分析法确定各表征指标权重赋值，保障评价指标权重计算结果的准确性，同时减少评价指标权重赋值的随意性。将内河生态健康程度划分为优Ⅰ、良Ⅱ、中Ⅲ、差Ⅳ、劣Ⅴ等5个等级，合理地对内河生态航道生境与社会服务功能状况进行评价。

（4）以贵州樟江航道为研究对象，在综合考虑前期航道综合规划、航道工程建设与运行对河流生态系统影响、航道运行管理现状及樟江航道通航船舶情况研究的基础上，运用内河生态航道评价体系对樟江航道健康度进行评价，分析、研究得到樟江航道为中Ⅲ级别生态航道。针对当前樟江航道生态健康存在的生态护岸建设技术选取及建设比例较少、航道生态整治工程型材与技术优化不足、绿色船舶研发与投入不足问题提出具体的修复与改善措施和建议。

生态航道建设及其评价已成为内河航道建设领域的研究热点，但关于生态航道建设的理论和评价方法等研究仍处于起步阶段，目前尚未形成系统性的理论与技术体系。由于内河航道是人类活动、自然环境共同影响条件下的复杂系统，合理地对内河航道健康状况进行评价，明确航道的健康发展趋势，对实现内河航道的可持续发展，促进航道区域内社会、经济与环境的协调发展具有重要的意义。由于内河航道分布广泛，类型、级别多样，加之不同区域的河流生态系统、水文地貌特征各有不同，需要对内河生态航道的适宜性评价模型、工程措施等方面继续深入探讨。

由于目前的内河航道整治工程较少对生态影响开展全过程监测，应在调查航道工程对河流生态系统的影响时，以大型底栖动物、浮游动植物等水生生物调查研究为主，即以水生生物所需的适宜生境条件为切入点，把生境条件作为联系航道整治工程和河流生态系统的中介，通过分析航道工程对河流自然生境条件的改变，进而评估航道建设工程对航道生态状况的影响。未来的生态航道研究需要对内河航道建设工程、整治工程施工前期、施工过程中、工程完成之后的生态影响开展多因素监测，即可获得丰富、可靠的航道生态环境基础数据，使研究成果更具有科学性和说服力。

在实际的评价过程中，影响航道生态环境的因素很多，由于航道数据、试验设备等条件的限制，本书建立的内河生态航道评价指标体系中筛选的评价指标以定性指标为主，同时针对评价指标数量进行了精简。今后关于指标选取、建立评价标准的研究中，要求着重选取定量化评价指标，避免生态航道评价过程中由于定性指标造成的误差。定量评价生态航道需在评价过程中尽可能收集河流的气象、水文、社会经济、航道规划等相关资料，通过数值模拟、室内试验、现场试验等手段，研究各个定性指标的适宜取值范围。

内河生态航道构建指标体系的目的在于指导航道工程的生态化建设，即内河航道整治的提质升级或生态化改造。虽然航道整治工程中金属丝网箱等型材不管是在经济成本上，还是在生态成本上都远优于传统护岸，但在大多数生态护岸的实施过程中，工程建设的直接成本效益较低，特别是在统计核算土地成本之后。因此，生态护岸建设还需因地制宜，结合区域历史文化特质进行生态航道规划与建设，提升生态航道的景观与文化价值，突出其社会服务功能，将航道打造成为集航运、行洪排涝、旅游景观于一体的绿色生态长廊，成为一道亮丽的风景线。